Joachim Bublath · Das knoff-hoff Buch 2

Fotobeschaffung und Koordination: Uwe Troost
Fotorealisation: Studio Borsche, München, Konni Filbert, WF-Studio, Gräfelfing, Fotostudio Günther Ludwig, Straßlach
Einzelbildnachweis auf Seite 184.
Alle TV-Dias wurden mit freundlicher Genehmigung des ZDF von der Electronic Center GmbH, Frankfurt, erstellt.
Sämtliche Grafiken: Atelier für Trick und Grafik, Albrecht-Matthias Wendlandt, Sauerthal.

Joachim Bublath
Das knoff-hoff Buch 2
München, G + G Urban-Verlag
ISBN 3-925334-15-7

Druck: SOV Graphische Betriebe, Bamberg
Bindearbeiten: R. Oldenbourg Graphische Betriebe GmbH, München.

Joachim Bublath

Das knoff-hoff Buch 2

G + G Urban-Verlag · München · 1988

Inhalt

Noch weit mehr Fotos als für „Das knoff-hoff Buch 1" wurden für „Das knoff-hoff Buch 2" in vier verschiedenen Fotoateliers hergestellt und wieder weltweit zusammengetragen. Wir möchten uns an dieser Stelle für die Mitwirkung aller Beteiligten bedanken und den Leser dieses Buches darauf aufmerksam machen, daß nicht alle vorgestellten „Kunststücke" zur Nachahmung empfohlen sind, und Autor und Verlag keine Haftung übernehmen können.

Der Verlag

Das zweite Buch als Fortsetzung einer Reihe zu schreiben, ist einfacher, als das Vorwort dazu; denn eigentlich ist schon alles im ersten Vorwort gesagt.
Wir wissen inzwischen, daß viele die „knoff-hoff Show" mögen und auch den Begriff „knoff-hoff" besser einordnen können – jede Sendung liefert dazu ja neue Beispiele. Seit einigen Wochen ist auch in Japan die „knoff-hoff Show" zu sehen. Das ist nur deshalb erwähnenswert, weil die Japaner Experten im Erfinden von kleinen technischen Gags sind, die nicht unbedingt ein lebensnotwendiges Bedürfnis erfüllen, aber dennoch physikalische Abläufe spielerisch demonstrieren. Das zeichnet ja gerade auch die Elemente der „knoff-hoff Show" aus. Sie stellen sich unterhaltsam dar – besitzen jedoch einen ernsthaften naturwissenschaftlichen Hintergrund. In den „knoff-hoff Büchern" werden diese Komponenten vertieft – in den Sendungen bleibt dafür allzuoft keine Zeit.
Motivierend für uns ist, daß viele Menschen so Spaß an den Naturwissenschaften finden und mit intellektuellem Vergnügen die vorgestellten Gags gedanklich weiter ausbauen. Eine Hilfe vielleicht, um auch im täglichen Leben vertraute Abläufe aufmerksam zu beobachten.
Die eigene Umgebung mit naturwissenschaftlichen Maßstäben zu verstehen, heißt auch, die Grenzen dieser Betrachtungsweise zu erkennen. Das ist ein allzu starkes Argument gegen die Naturwissenschaften; denn auf der anderen Seite ist sicher folgendes wahr: Wenn auch das Modell von der Natur, das Wissenschaftler über Generationen aufgebaut haben, recht unvollkommen ist, so liefert es doch bis heute die am besten funktionierende Vorstellung, die wir uns von der Welt machen. Dieses naturwissenschaftliche Modell unterliegt einem ständigen Wandel, Hunderttausende Wissenschaftler überprüfen es mit ihrer Arbeit und versuchen, auftretende Widersprüche mit den Gegebenheiten in der Natur aufzuklären. Das macht die Naturwissenschaft zu einem aufregenden Gebiet, und vielleicht vermitteln ja die Gags in der „knoff-hoff Show" ein kleines Beispiel dafür, wie spannend und überraschend das sein kann.

Dr. Joachim Bublath

1

Zauberei mit Farben

Das Kunststück:

Im Fernsehen spielt der Hintergrundbericht zu einer Nachricht eine große Rolle. Durch ihn sollen sich die Zuschauer ein besseres Bild von der Situation machen können. Aber auch diese Hintergrundinformationen sind nicht umfassend, sie zeigen das, was der Journalist durch „seine Brille“ sieht, und das so ausgewählte Bild kann entsprechend schief und eingefärbt sein – im politischen Sinn. Wie schwer es ist, jede Sache in der objektiv richtigen Farbe zu sehen – und wie daraus folgt, daß man seinen eigenen Augen nicht immer trauen kann, ist schnell bewiesen. Die violetten Buchstaben auf der Folie zeigen – vor dem weißen Hintergrund der rechten Seite betrachtet – genau dieselbe Farbe. Das kann auch gar nicht anders sein; denn die Farben kommen aus demselben Farbtopf. Bilden der rote und blaue Bereich die Hintergründe für die Buchstaben, so ist alles ganz anders. Vor dem roten Hintergrund sieht der violette Buchstabe auf der Folie bläulich aus – vor dem blauen Hintergrund erscheint dasselbe H wiederum rötlicher. Offensichtlich spielt der Hintergrund auch beim Farbensehen eine Rolle.

Das knoff-hoff:

Farben können wir mit Hilfe der Zapfen in der Netzhaut unseres Auges registrieren. Nach einer gängigen Theorie gibt es drei Arten von Zapfen, die jeweils auf Blau, Rot und Grün reagieren. 7 bis 8 Millionen Zapfen wurden in der Netzhaut gezählt, und bei weitem nicht jeder Zapfen kann seine Informationen über eine eigene Nervenleitung zum Gehirn weitergeben. Sie müssen sich die Nervenstränge bei der Übertragung teilen – und deshalb kann es zu solchen Ungereimtheiten beim Sehen von Farben kommen. Wird in einem Netzhautbereich durch den blauen Hintergrund sehr viel Blau registriert, so verschlechtert das offenbar die Möglichkeiten der benachbarten blauempfindlichen Zäpfchen, das Blau im violetten H zu „sehen“. Dagegen sind die roten und grünen Zäpfchen in diesem Bereich in ihrer Aktivität ungebremst, sie können die registrierten Reize weiterleiten – deshalb erscheint das violette H in einer blauen Umgebung rötlicher. Umgekehrt werden die roten Zäpfchen im Bereich des auf der Netzhaut abgebildeten H's bei ihrer Übertragung gehemmt, wenn die Umgebung rot ist. Blaue und grüne Zäpfchen dominieren deshalb – der violette Buchstabe erhält wegen der roten Umgebung einen Blaustich.
Maler haben diese Wirkung erkannt

In der Netzhaut des Auges befinden sich Zapfen, die Rot, Grün und Blau registrieren können.

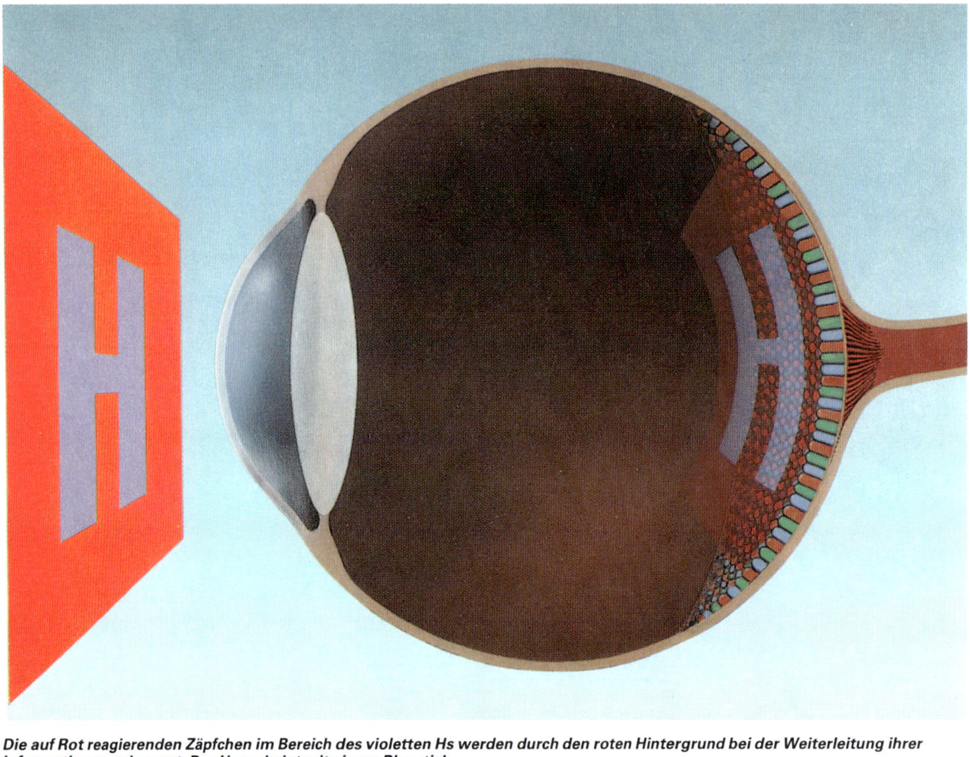

Die auf Rot reagierenden Zäpfchen im Bereich des violetten Hs werden durch den roten Hintergrund bei der Weiterleitung ihrer Informationen gehemmt. Das H erscheint mit einem Blaustich.

und gestalten seit Jahrhunderten ihre Bilder nach dieser Erfahrung. Erforscht ist auf diesem Gebiet noch wenig, und deshalb gibt es immer wieder Überraschungen. In der Werbebranche finden solche Kunststücke begeisterte Abnehmer. Trockene Nudeln sehen graugelb aus. Wenn die graugelben Nudeln so präsentiert werden sollen, daß ein Käufer kaum noch widerstehen kann, legt man sie einfach auf blaues Papier. Mit diesem Hintergrundtrick erscheinen jetzt die vorher unattraktiven Nudeln als gold-gelbe Prachtexemplare, und „Goldgelb" suggeriert hohen Eigehalt.

Bei der Innenausstattung von Metzgereien achtet man auf das farbliche Umfeld. Sind die Verkaufsräume in Grün oder Blaugrün gehalten, so erscheinen die Fleisch- und Wurstwaren intensiv rot. Das ist erwünscht, denn die Käufer verknüpfen damit das Gefühl, daß hier besonders frische Ware angeboten wird. Auch in diesem Beispiel werden bei der Abbildung im Auge – wegen der blaugrünen Umgebung – die blauen und grünen Zäpfchen im Bereich des roten Fleisches gehemmt, das Rot erscheint deshalb besonders stark. Für dieses verkaufsfördernde Element benutzen die Metzger jedoch noch einen anderen Trick, der bereits im 1. knoffhoff Buch, K 30, beschrieben wurde. Auch rote Kirschen heben sich besonders gut von einem blaugrünen Hintergrund ab. Jede Farbe wirkt durch ihre Komplementärfarbe am besten – und das ist bei Rot nun einmal Blaugrün.

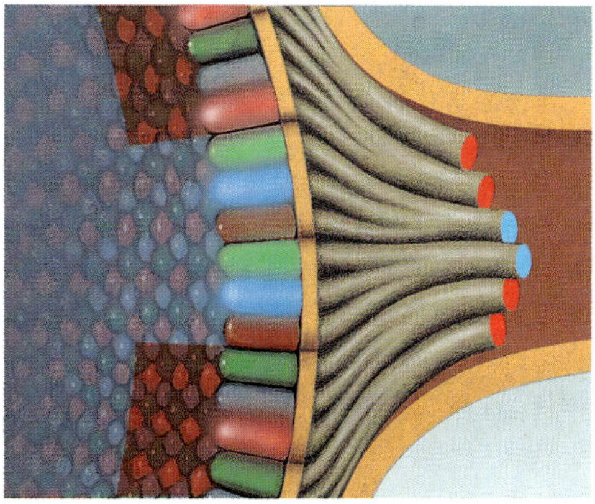

Der Rotanteil im violetten H wird von den Nervenleitungen nicht übertragen.

Tricks und Tips:

Beim Sehen ist neben dem Auge auch das Gehirn ein wichtiger Partner. Es verarbeitet die Informationen, und dabei erleben wir oft Erstaunliches. Die französische Nationalflagge besteht aus drei gleich breiten Streifen: Blau, Weiß und Rot. Schaut man sich die Fahne genau an, so erscheinen die weißen und blauen Streifen jedoch breiter als der rote Farbstreifen. Mit drei Streifen aus Buntpapier können Sie dieses Kunststück leicht durchführen. Offensichtlich läßt unser Auge-Gehirn-System blaue und weiße Streifen breiter als die roten Streifen erscheinen. Das haben auch die Franzosen gemerkt, und im Februar 1792 wurde ein Gesetz erlassen, das vorschrieb, die blau-weiß-roten Streifen im Verhältnis 30 : 33 : 37 herzustellen. Damit sollte die optische Illusion per Erlaß korrigiert werden. Politisch damals offenbar wichtig; denn jede Farbe stand als Symbol für etwas – und keine sollte deshalb bevorzugt werden. Stellt man jedoch die Streifen der Nationalfarbe im angegebenen Verhältnis her, so wirkt z. B. das Weiß weitaus zu schmal und das Blau zu breit. Weiß war die Farbe des Königs – vielleicht deshalb diese übereifrige Korrektur in den Jahren nach der Revolution. Erst nach 150 Jahren hat sich die Situation entspannt. Seit 1946 ist die Trikolore wieder mit gleichbreiten Streifen gesetzlich festgeschrieben.

2

Der Trick mit den engen Röhren

Das Kunststück:

Wenn Sie in zwei Glasgefäße Bierdeckel legen, Wasser dazugießen und sich auf die Bierdeckel stellen, so werden Sie nach einigen Minuten langsam nach oben gehoben. Mit einem Gewicht können Sie dieses Kunststück im kleinen Maßstab ausprobieren. Das emporgedrückte Gewicht zeigt die Kraft, die offensichtlich in den Bierdeckeln steckt.

Das knoff-hoff:

Die Bierdeckel saugen bei diesem Kunststück das Wasser auf und drükken dadurch das Gewicht nach oben. Warum das Wasser nach oben steigt, ist leicht einzusehen. Im Bierfilz befinden sich mikroskopisch kleine Röhrchen. Simuliert werden kann diese Situation mit Röhrchen aus Glas. Wenn Sie ein solches Röhrchen ins Wasser halten, so steigt das Wasser nach oben. Ist der Durchmesser der Röhre klein, so steigt die Wassersäule höher als in einer Röhre mit großem Querschnitt. Hält man jedoch die Röhrchen in flüssiges Quecksilber, so sinkt das Quecksilber im dünnsten Röhrchen am weitesten nach unten. Welche besonderen Kräfte lassen die Flüssigkeiten sinken oder steigen?
In Flüssigkeiten ziehen sich die kleinen Teilchen, aus denen sie zusammengesetzt sind, gegenseitig an. Deshalb bil-

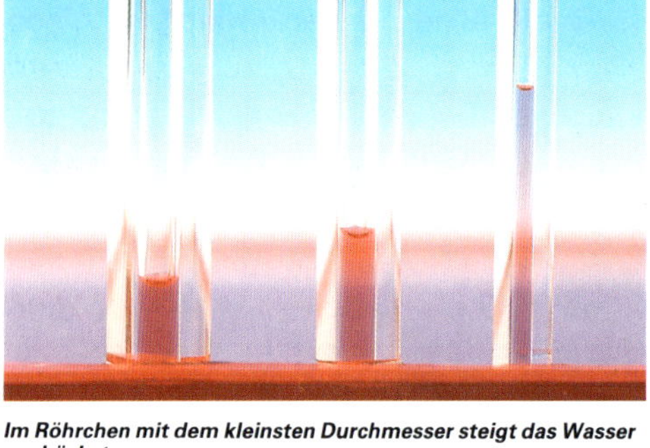

Im Röhrchen mit dem kleinsten Durchmesser steigt das Wasser am höchsten.

Quecksilber „zieht" sich in einer Glasröhre nach unten.

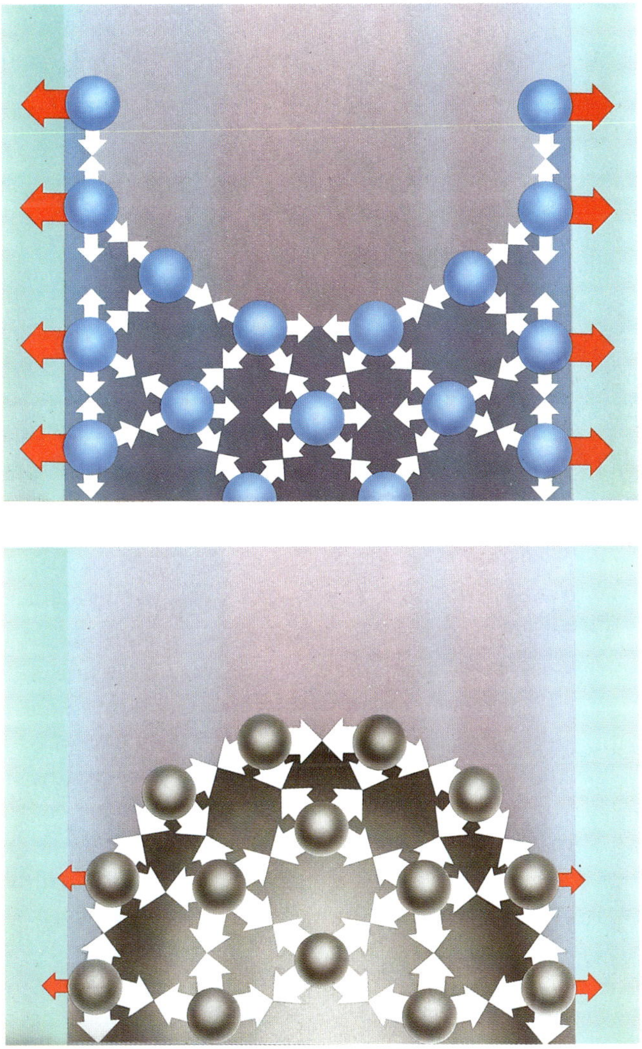

den sich z. B. Tropfen (Buch 1, K. 15). Aber auch die Gefäßwände, zwischen denen sich die Flüssigkeit befindet, sind wichtig – auch sie ziehen die Teilchen an. Ist diese Kraft stärker als der Zusammenhalt der Teilchen untereinander, so drängen sehr viele Teilchen zur Gefäßwand und drücken sich so gegenseitig nach oben. Je enger der Röhrenquerschnitt, um so stärker wirkt sich dieser Effekt aus.

Ist die Anziehung der Teilchen untereinander jedoch stärker als die Wechselwirkung mit der Wand, so krümmt sich die Oberfläche nach unten, und die Flüssigkeit, wie z. B. das Quecksilber, wird nach unten gezogen.

Über solche Kapillarkräfte z. B. funktioniert der Nachschub an flüssigem Wachs bei einer brennenden Kerze. Es steigt durch die „Röhrchen" im Docht nach oben. Diese Kräfte treten nicht

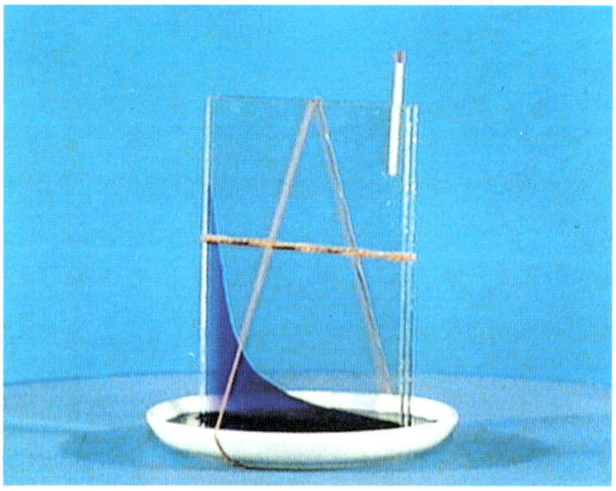

Die beiden Glasplatten laufen keilförmig zusammen. An der engsten Stelle steigt das Wasser am höchsten.

nur in Röhrchen auf – auch zwischen engen Flächen können Flüssigkeiten nach oben steigen.

Tricks und Tips

Überall sind Kapillarkräfte zu beobachten, durch die das Wasser nach oben steigt. In Pflanzen hilft dieser Effekt, das Wasser nach oben zu treiben. Ein Kienapfel nimmt durch feine Röhrchen das Wasser auf und schließt sich dadurch. Mit dem Austrocknen breitet er sich aus und gibt die Samen frei. Selbst im Boden funktioniert der Wassertransport mit Hilfe der Kapillarkräfte. Das Wasser steigt durch „Kapillarröhrchen" nach oben – der Boden trocknet so langsam aus.
Ein Grund, warum das Umpflügen wichtig ist. Dadurch werden die feinen Kapillarröhrchen zerstört und das Austrocknen des Bodens funktioniert nicht mehr so gut. Mit dem aufsteigenden Wasser gelangen auch die im Wasser gelösten Salze an die Oberfläche. Fehlt der Regen, der die Salze auswäscht, kann der Boden versalzen. Im Niltal z. B. steigt durch Bewässerungssysteme der Grundwasserspiegel in der Nähe des Ufers. Die starke Sonneneinstrahlung läßt die Feuchtigkeit an der

Wasser und Salzteilchen steigen nach oben.

Ausgetrockneter Boden.

Versalzter Boden im Niltal.

Oberfläche verdunsten – immer neues Wasser mit darin enthaltenen gelösten Salzen steigt kapillar nach oben. Das Wasser verdunstet und läßt die Salze an der Oberfläche zurück. In diesen trockenen Breiten mangelt es an Regen, der die Salze wegspülen könnte. Der Boden stirbt. Vor dem Bau des Assuanstaudamms – der heute den Wasserlauf des Nils regelt – gab es alljährlich Überschwemmungen, die den Boden auswuschen und damit entsalzten.

Der durch die intensive Bewässerung angehobene Grundwasserspiegel bringt auch die berühmten Bauwerke im Niltal in Gefahr. Die Mauern des Tempels von Karnak ziehen durch feine Kanäle im Stein das Wasser kapillar nach oben. Der Sandstein droht zu zerfallen.

Wasser steigt in den Tempelmauern nach oben.

Die Salzteilchen bleiben auf dem Boden zurück.

3

Die Flamme auf Wanderschaft

Das Kunststück:

Eine Flamme wandert geheimnisvoll über ein Tuch – ohne daß der Stoff verbrennt. Dazu lassen Sie ein Halstuch von hilfreichen Händen aufspannen und hantieren selbst mit zwei Gasfeuerzeugen. Das Tuch soll nicht zu eng gewebt sein. Ein Feuerzeug halten Sie unter das Tuch und öffnen es, damit das Gas ausströmen kann. Mit dem anderen Feuerzeug suchen Sie sich über dem Tuch den ungefähren Ort des verdeckten Gasfeuerzeugs und zünden es. Eine Flamme scheint auf dem Tuch zu schweben, die Sie hin und her wandern lassen können, wenn Sie das untere Feuerzeug dementsprechend bewegen. Erstaunlich ist, daß dabei das Gewebe des Tuches nicht verbrennt. Dieses Kunststück können Sie auch zu einem dramatischen Zaubertrick ausbauen, wenn Sie das Gasfeuerzeug unbemerkt unter das Tuch bringen und die Flamme mit den üblichen Magiersprüchen wandern lassen.

Das knoff-hoff:

Verständlich wird dieses Kunststück, wenn man es mit einem dünnen Drahtnetz durchführt. Das Gas aus einem Brenner strömt durch die feinen Maschen und kann über dem Netz gezündet werden. Die Flamme dringt jedoch nicht von oben durch den Maschendraht zum Gasbrenner vor – offenbar wird die Zündtemperatur des Gases unter dem Draht nicht erreicht. Das liegt an der guten Wärmeleitfähigkeit des Metalls, aus dem der Maschendraht besteht. Die Wärme der

Flamme über dem Maschendraht wird von dem Metall sehr schnell abgeleitet, so daß die Flamme nicht „durchschlägt". Auch bei dem Kunststück mit dem Tuch wird die Wärme schnell verteilt. Der Stoff verbrennt deshalb nicht.

Tricks und Tips:

Mit diesem Trick hat man früher auch im Bergbau gearbeitet. In den Stollen unter Tage konzentrieren sich oft explosive Gase. Eine offene Flamme als Lichtquelle ist deshalb sehr gefährlich. Der Maschendraht, über die Flamme gestülpt, hilft, das Problem zu lösen. Diese Grubenlampen erzeugen – trotz des Metallgitters, genügend Licht und verhindern die mögliche Katastrophe. Denn entzündbare Gase können zwar durch das Drahtnetz nach innen zur Flamme gelangen und lassen sie dadurch etwas stärker brennen, andererseits kann die Flamme die große Gaswolke außerhalb des Drahtgitters nicht entzünden. Ihre Hitze verteilt sich im Drahtnetz sehr schnell, so daß – wie bei unserem Kunststück – außen die Zündtemperatur nicht erreicht wird.
Mit der Wärmeleitung kann man einige Überraschungen erleben. Wenn Sie Metall und Holz anfassen, so haben Sie den Eindruck, daß das Holz wärmer ist als das Metall – obwohl bei beiden Materialien ein Thermometer die gleiche Temperatur anzeigt. Im Winter kann es Ihnen sogar passieren, daß bei sehr tiefen Temperaturen die Finger am Metall festfrieren – am Holz jedoch nicht. Auch das liegt an der unterschiedlichen Wärmeleitfähigkeit der verschiedenen Materialien. Metall ist ein guter Wärmeleiter – es zieht also sehr schnell die Wärme aus dem berührenden Finger – deshalb haben wir das Empfinden, daß Metall kalt ist. Holz dagegen leitet die Wärme schlecht. Die Wärme „fließt" nicht zum Holz, sie wird wegen der guten Isoliereigenschaften sogar gestaut – das Holz empfinden wir als wärmer – obwohl es die gleiche Temperatur wie das Metall besitzt.
Metalle besitzen unterschiedliche Wärmeleiteigenschaften. In dem Experiment liegen Streichhölzer auf Streifen aus verschiedenen Metallen, die von der Mitte aus erhitzt werden. Kupfer leitet die Wärme am schnellsten – über 10mal besser als Stahl z. B. Deshalb entzündet sich das Streichholz auf dem Kupferstreifen zuerst.

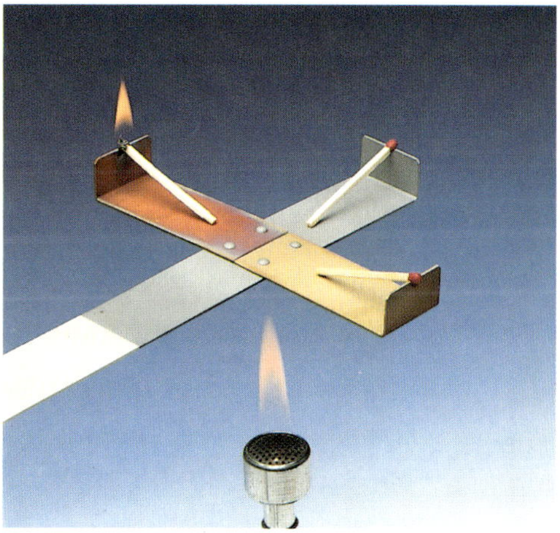

Wasser ist – gegenüber Luft – ein 30mal besserer Wärmeleiter. Spätestens merken Sie das, wenn Sie versuchen, mit einem nassen Lappen einen heißen Topf vom Herd zu holen. Die erfahrene Hausfrau weiß, daß ein trockener Lappen besser vor Verbrennungen schützt.
Wie gierig das Wasser die Wärme „aufsaugt", zeigt das folgende Kunststück. In einem Papierbehälter wird Wasser gekocht, ohne daß der ungewöhnliche „Kochtopf" verbrennt. Offenbar wird die Wärme sofort vom Wasser aufgenommen – das Papier bleibt weit unter seiner Zündtempera-

tur. Im Wasser hat ein Kreislauf begonnen. Das warme Wasser steigt nach oben und das kältere fällt nach unten. Die Wärme kann so rasch abgeführt werden. Beginnt das Wasser zu kochen, so wird die Wärme dazu benutzt, Wasser in Dampf zu verwandeln. Die Temperatur des Wassers bleibt deshalb konstant bei 100 °C – weit unter der Zündtemperatur des Papiers. Erst wenn das Wasser verdunstet ist, steigt die Temperatur, und der Papierbehälter beginnt zu brennen.
Wie schlecht jedoch Wasser die Wärme ohne den Kreislauf der warmen und kalten Schichten leitet, zeigt das

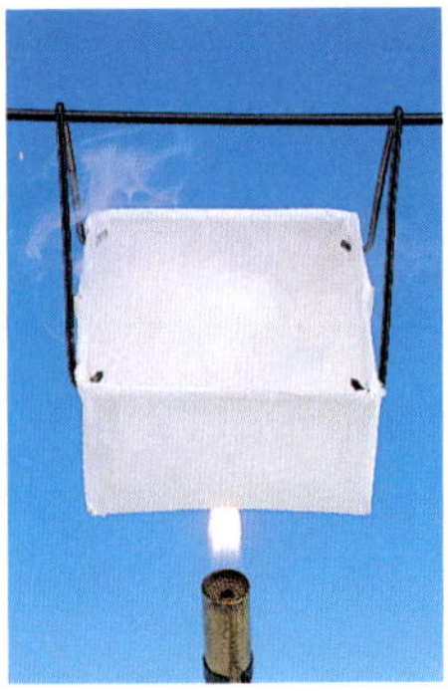

Kunststück mit dem Reagenzglas. Im oberen Bereich kocht das Wasser – unten befinden sich Eisstücke. Normalerweise schwimmt Eis auf dem Wasser. Aber hier haben wir in das Eis Stahlkugeln eingefroren, deren Gewicht das Eis am Boden hält. Eine Temperaturdifferenz von 100 °C wird so auf einer sehr kurzen Strecke sichtbar.

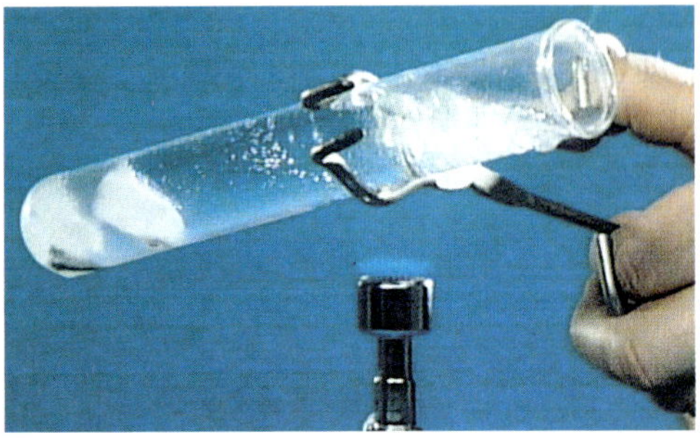

Die Erklärung: Der Wärmekreislauf baut sich durch diese „verkehrten" Verhältnisse nur im oberen Bereich des Wassers auf. Ohne diesen Kreislauf entpuppt sich das Wasser als schlechter Wärmeleiter.
Wasser ist zwar als Wärmeleiter 30mal besser als Luft, gegenüber Kupfer z. B. ist es jedoch etwa 700mal schlechter. Diese Eigenschaft der Metalle können Sie zu einem Kunststück ausnutzen. Dazu brauchen Sie einen alten Handschuh und eine Geldmünze. Eine glühende Zigarette brennt sich leicht durch den Stoff des Handschuhs – das ist kein Kunststück. Schieben Sie jedoch ein 5-DM-Stück zwischen Stoff und Hand, so gibt es mit der glühenden Zigarette nicht einmal einen Brandflecken. Das Metall leitet die Wärme blitzschnell weg – der Stoff erreicht nicht seine Verbrennungstemperatur. Damit ist ein Tip für die besorgte Hausfrau verbunden: Aluminiumfolie unter die kostbare Tischdecke gelegt, verhindert Brandflecke durch Zigarettenasche.

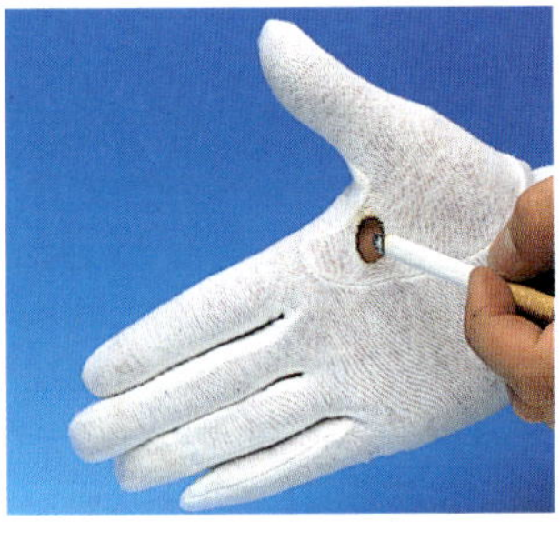

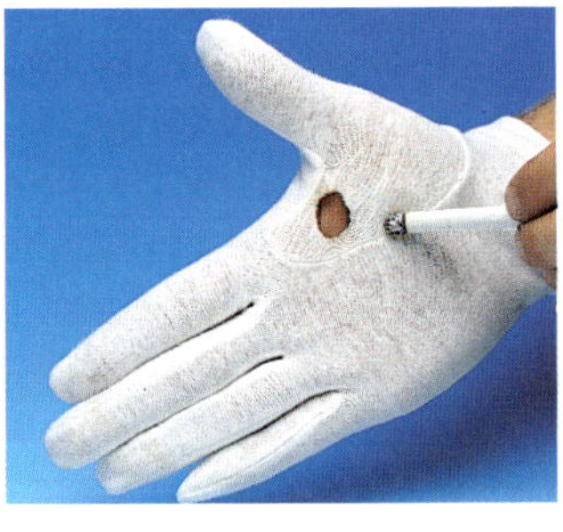

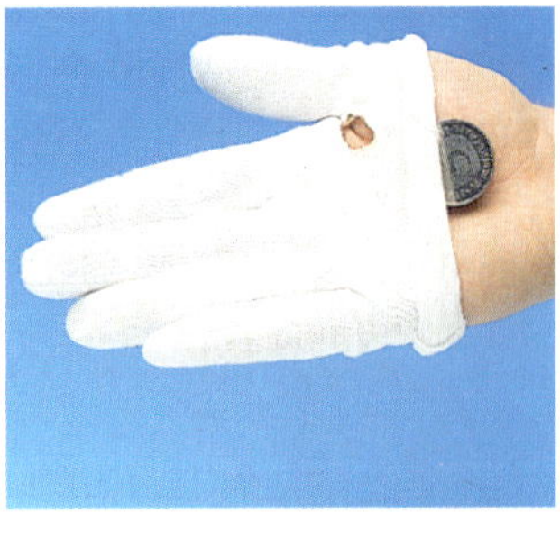

4

Auch Eckiges rollt

Das Kunststück:

Es ist möglich, auf viereckigen Rädern zu fahren. Räder, die Eiform besitzen, rollen offenbar gut, und sogar vieleckige oder ganz unregelmäßig geformte Räder können ein Fahrzeug tragen. Warum haben die Menschen nicht schon immer diese Räder benutzt? Sie sind viel leichter als die kreisrunden Räder herzustellen – oder steckt hinter den Rädern ein bestimmtes Knoff-hoff?

Das knoff-hoff:

Viereckige Räder rollen selbstverständlich nicht auf einer geraden Straße. Die Japanerin auf dem Bild unten links wird mit ihrem Fahrrad ganz schön durchgeschüttelt. Bei diesen seltsamen Rädern muß man die „Straße" der Radform anpassen. Wenn die Räder quadratisch sind – also jede Seite des Vierecks die gleiche Länge besitzt – gibt es tatsächlich eine „Straßenform", bei der die Räder rollen. Diese Bögen sind so angelegt, daß in jedem Abrollpunkt der Mittelpunkt des Quadrates in gleicher Höhe bleibt. Legt man durch den Mittelpunkt die Achse, kann man wie auf einer Straße fahren. Die einzelnen Halbbögen entsprechen der Kurvenform einer durchhängenden Schnur. Zum Schienenbau muß nur das Untere zu oberst gekehrt werden. Der Weg über den Bogen ist genauso lang wie die Seite des Quadrates. Beim Start befindet sich eine Ecke des Quadrates am Anfang der Kurve. Nach dem Abrollen über eine Seitenlänge liegt die folgende Ecke genau am Anfang des neuen Bogens – dieser Vorgang wiederholt sich bis zum Ende der Schiene. Auch die eiförmigen Räder des seltsamen Rollers sind sorgfältig berechnet! Sie benötigen zum eleganten Rollen keine besonders geformte Straße. Bei enggestellten Achsen „eiert" der Roller zunächst so wie man es erwartet. Die Achsenstellung ist aber veränderbar.

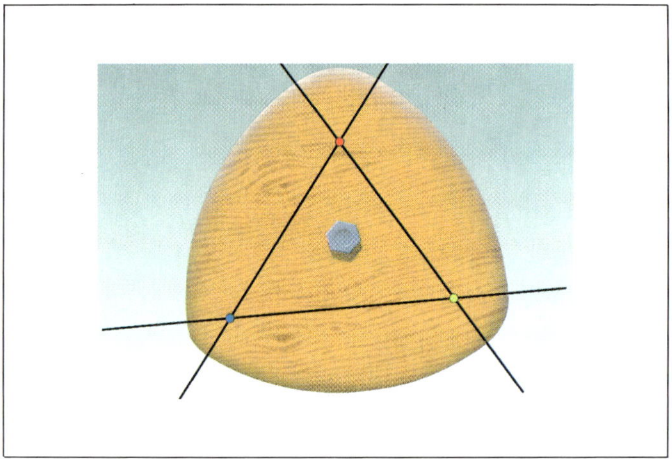

Zunächst werden drei Geraden gezeichnet.

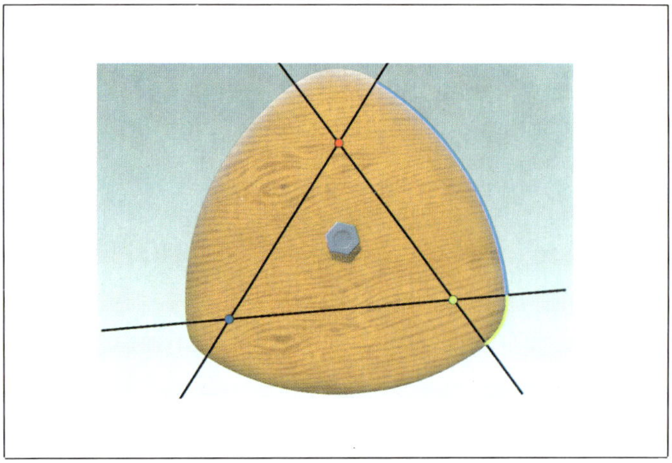

Der Zirkel wird in den gelben Punkt gestochen, und der gelbe Kreisbogen gezogen.

Werden sie schräg nach außen gestellt, so existiert eine bestimmte Stellung, bei der der Achsenmittelpunkt immer in gleicher Höhe bleibt – und das bei ebener Straße!

Es gibt unregelmäßige Räder, die zwar rollen, aber bei denen Probleme mit der Achse auftreten. Sie sind so konstruiert, daß immer der Abstand des oberen Randes zur Straßenoberfläche gleich ist. Diese Räder kann man wie folgt bauen: Zunächst zeichnet man drei Geraden, die sich schneiden. Dann schlägt man mit einem Zirkel Bögen – wie in der Grafik angegeben. Bei jedem Segment müssen der Mittelpunkt und der Radius so gewechselt werden, daß die Kurven nahtlos anschließen. Z. B. sticht man den Zirkel in den blauen Punkt und schlägt den oberen (blauen) Bogen. Dann sticht man den Zirkel in den gelben Punkt und zieht den gelben Bogen, der sich direkt an den blauen anschließt, usw. Mit dieser Methode erhält man eine Figur, die an jedem Randpunkt denselben Durchmesser besitzt. Bei diesen Voraussetzungen rollt ein Brett – auf den oberen Rand der Räder gelegt – waagrecht über eine Strecke. Die Achse hingegen holpert über diese Strek-

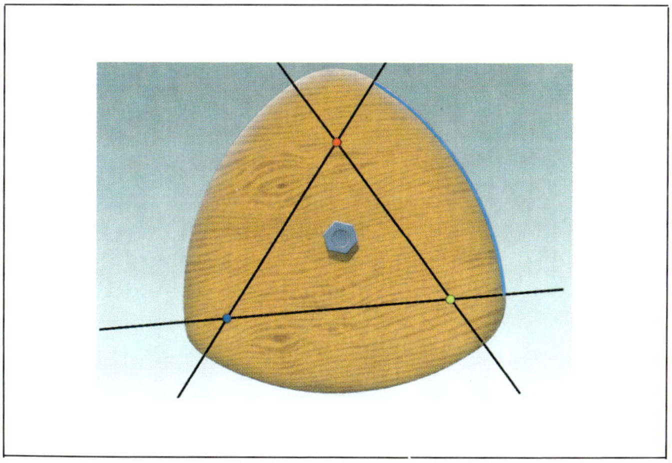

Dann schlägt man mit dem Zirkel vom blauen Punkt aus den blauen Bogen.

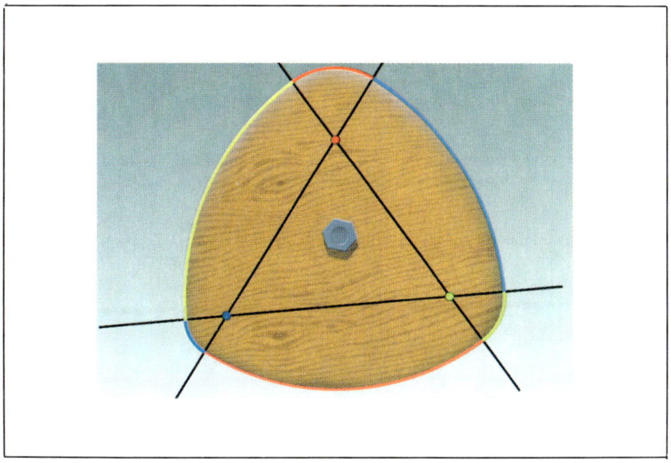

Die restlichen Bögen werden wie die vorhergehenden gezogen. Damit besitzt das „Rad" für jeden Randpunkt denselben Durchmesser.

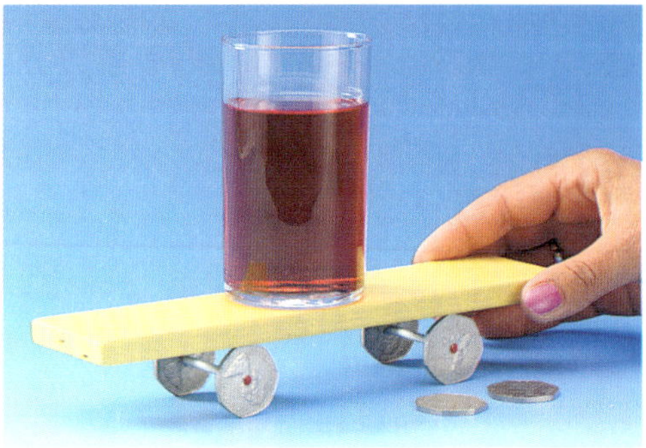

ke, d. h. sie verändert ständig ihre Höhe zur Straßenoberfläche. Die Räder sind ja auch nach geometrischen Bedingungen gebaut, die immer den gleichen Abstand des jeweiligen oberen Punktes von der Straße garantieren. Auch mit den siebeneckigen englischen 50-Pence-Münzen kann man glatt rollen – zwar nicht auf den Achsen, aber auf dem oberen Rand. Auch hier liegen die geometrischen Bedingungen so, daß in jeder Position der Abstand zwischen dem oberen Radrand und der Auflagefläche gleich ist.

Tricks und Tips:

Räder müssen nicht immer vollständig sein. Das beweist ein japanisches Fahrrad. Es besitzt nur ein halbes Vorderrad – das überdies noch einmal in

der Hälfte getrennt ist. Warum man damit dennoch fahren kann, liegt an der Zahnradkombination, die an der Achse angebracht ist. Sie steuert die Radviertel jeweils so, daß immer eines die Last des Fahrers trägt. Vom Fahren kann man bei diesem Fahrrad kaum sprechen – es „stelzt" vielmehr den Weg auf den Radvierteln entlang. Ein Modell mit Halbrädern ist zwar weniger gewagt, aber auch hier muß die Synchronisation beim Abfangen der Last funktionieren.

Räder kann man auch rund lassen – und sie dennoch verbessern. Bei diesem Rad sind auf seiner Oberfläche unter einem Winkel von 45° zur Radachse Rollen angebracht. Steuert man mit diesen Rädern um die Kurve, so zeigen sich erstaunliche Eigenschaften. Es ist möglich, direkt von der Seite in eine Parklücke einzuparken. Mit diesem Trick erlauben die Räder die Bewegung in alle Richtungen. Dreht sich das Rad, so wandert die Kontaktfläche einer Rolle von außen nach innen und wird dann nahtlos von der nächsten Rolle aufgenommen. Diese Idee existiert schon seit 1949, sie ist aber heute zu neuen Ehren gekommen. Vor allen Dingen in der Robotertechnik hat man mit diesen Rädern die Möglichkeit, auf eng begrenzten Flächen Rollbewegungen durchzuführen.

Ein rundes Rad trifft nicht immer auf eine ebene Straße. Was macht das Rad, wenn es auf einem welligen Untergrund rollen muß? Auf Wüstenstrecken gibt es häufig solche „Waschbrett"-Pisten. Erfahrene Wüstenfüchse können auch diese Unannehmlichkeiten meistern. Sie fahren mit einer bestimmten Geschwindigkeit und scheinen über der welligen Piste zu schweben. Andere Geschwindigkeiten reißen den Fahrer jedoch aus seinen Träumen. Fährt das Auto sehr langsam (ca. 25 km/h), so durchrollen die Räder jede Bodenwelle. Typisch für

Bei 25 km/h durchrollen die Räder die Bodenwelle.

Bei 50 km/h prallen die Räder auf die Bodenwellen.

Bei 80 km/h „springen" die Räder von Wellenberg zu Wellenberg.

den Abstand von 2 Wellentälern sind etwa 60–90 cm. Erhöht man die Geschwindigkeit auf etwa 50 km/h, so beginnt das Auto zu rattern. Die Reifen prallen jetzt auf die ansteigenden Bodenwellen und werden nach oben geschleudert. Die Lenkung ist kaum noch zu kontrollieren. Bei 80 km/h passiert das Erstaunliche. Das Fahrgefühl ist jetzt mit dem auf einer leicht holprigen Straße vergleichbar, gemessen an der vorherigen Erfahrung jedoch geradezu perfekt. Bei dieser Geschwindigkeit springt das Rad gerade von Wellenberg zu Wellenberg – ohne – wie vorher – auf den ansteigenden Teil zu prallen. Diese Geschwindigkeit wählen die geschickten Fahrer.

Genauere Untersuchungen darüber sind für die Forschungszentren der Automobilfirmen wichtig, weil sich durch die Ratterfahrten auf den Pisten oft Schrauben lösen. Auf künstlich aufgebauten Versuchsstrecken wird das Schwingverhalten der einzelnen Autotypen getestet und danach die Fahrzeugkonstruktion abgeändert.

Diese Wellen sind auf fast allen unbefestigten Straßen anzutreffen. Schuld daran sind die schweren Lastwagen. Ein Radstoß durch eine Unebenheit führt beim Auftreffen zu einer Verschiebung des Straßenbelages und zu einem neuen Schlagloch. Der Abstand zwischen diesen Löchern wird z. B. vom Gewicht, der Geschwindigkeit, dem Untergrund und den Schwingungseigenschaften des Lastwagens bestimmt. Je härter der Untergrund, desto kürzer der Abstand der Wellentäler.

Um größere Hindernisse überwinden zu können, hat dieser Erfinder das „Tausendfüßlerprinzip" d. h. – unabhängig voneinander gelagerte Achsen – benutzt.

5

Der entzauberte Fakir

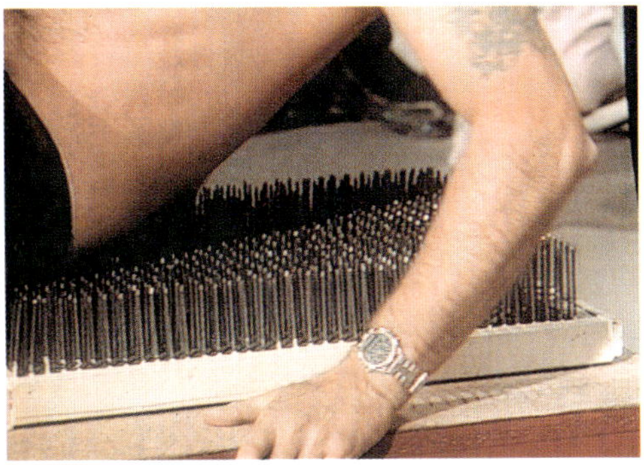

Das Kunststück:

Wen fasziniert er nicht, der Fakir, der oft stundenlang auf seinem Nagelbrett verharrt! Aber ein klein wenig muß man schon an dem Glanz seiner Leistung kratzen – denn eigentlich kann sich jeder mit nackter Haut auf ein Nagelbrett legen und unbeschadet wieder aufstehen. Die Nägel müssen für dieses Kunststück nur ausreichend dicht nebeneinander stehen. Sie müssen bei dem Kunststück mit Ihrem selbstgebastelten Nagelbrett außerdem darauf achten, daß sofort eine möglichst große Körperfläche auf den spitzen Nägeln liegt – das vermindert den Anfgangsschmerz.

Das knoff-hoff

besteht darin, zu wissen, wie Sie Ihr Gewicht richtig verteilen. Der Druck auf eine Körperstelle ist dann besonders groß, wenn sich das Gewicht auf eine sehr kleine Fläche konzentriert. Man kann den Druck verringern, wenn das Gewicht auf eine große Fläche verteilt wird.

Die einzelnen Nagelspitzen bilden zusammen gesehen eine relativ große „Fläche". Das zeigt sich durch das Kunststück mit dem Apfel. Wenn der Apfel herunterfällt, dringt er sehr tief in den einzelnen Nagel ein, weil das Gewicht des Apfels nur auf eine sehr kleine Fläche – die Nagelspitze – verteilt werden kann. Viele Nagelspitzen auf dem Nagelbrett bieten eine größere Fläche an – der Apfel erleidet einen geringeren Druck vom Nagelbrett und dringt deshalb nicht so tief in die Nägel ein.

Dieselben Überlegungen hat der Fakir angestellt. Er verteilt durch die dicht stehenden Nägel sein Gewicht auf eine große Fläche und hält so den Druck der Nägel auf seinen Körper niedrig.

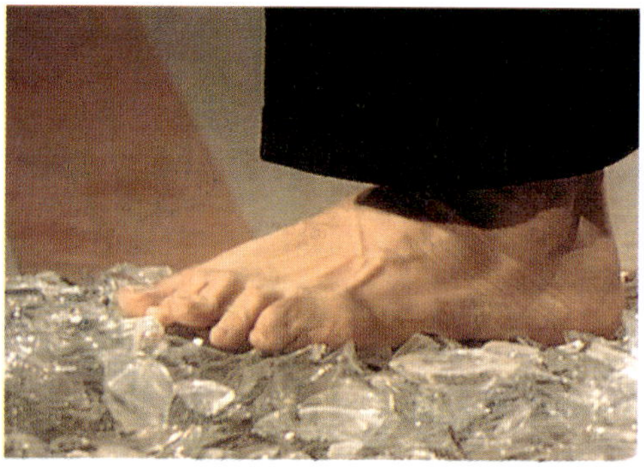
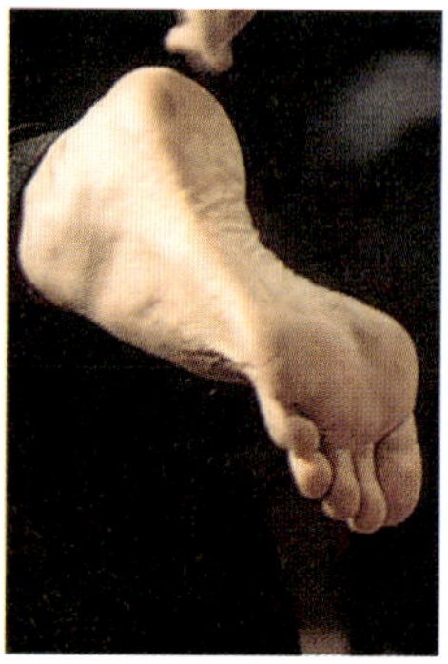

Mit diesem Wissen ist es leicht, mit bloßen Füßen über Glasscherben zu laufen – ohne sich zu verletzen. Die Spitzen der Glasscherben müssen dazu relativ gleichmäßig verteilt sein. Die vielen Spitzen bilden dann eine „Fläche", die das Gewicht des Körpers besser aufnimmt. Bei den ersten Versuchen ist es hilfreich, die Glasscherben sehr klein zu schlagen und sie auf eine weiche Unterlage zu legen. Einige Mystiker bieten dieses Kunststück mit entsprechender „parapsychischen" Verpackung oder in Verbindung mit „Hypnose" an – jedoch das Laufen über Glasscherben funktioniert auch ohne dieses Beiwerk.

Tricks und Tips:

Auf eine geschickte Druckverteilung kommt es bei vielen Dingen an. Wenn jemand im Eis eingebrochen ist, robben die Helfer auf dem Bauch heran. Dadurch verteilen sie ihr Gewicht besser und mindern den Druck auf das Eis. Auch die Schneebretter der Eskimos oder unsere Skier bewahren uns mit diesem Trick vor dem tiefen Einsinken in den Schnee.
In der Technik benutzt man die Abhängigkeit des Drucks von der Kraft und der Auflagefläche, um schwere Lasten zu heben oder große Kräfte zur Verfügung zu haben. Dabei ist das Verhalten von Flüssigkeiten hilfreich, die den auf sie ausgeübten Druck nach allen Seiten gleich stark weitergeben. Durch geschickte Wahl der Flächengröße wird beim Drücken mit einer kleinen Kraft eine große Wirkung erzielt. Eine einfache mathematische Formel macht das übersichtlich. Der Druck D ist nichts anderes als die Verteilung der Kraft K_1 auf eine Fläche F_1. In Flüssigkeiten wird dieser Druck allseitig und überall gleich stark weitergege-

Ein Eierläufer verteilt sein Gewicht auf 3 rohe Eier ...

... aber die 90 kg halten sie letztendlich doch nicht aus.

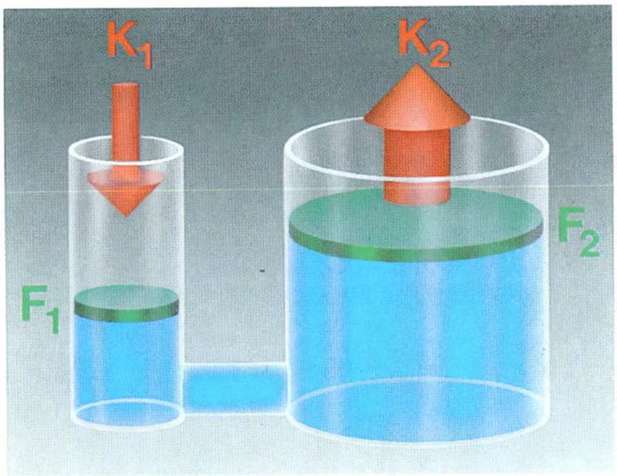

Hydraulische Presse mit geschickter Verteilung der Kräfte und Flächen.

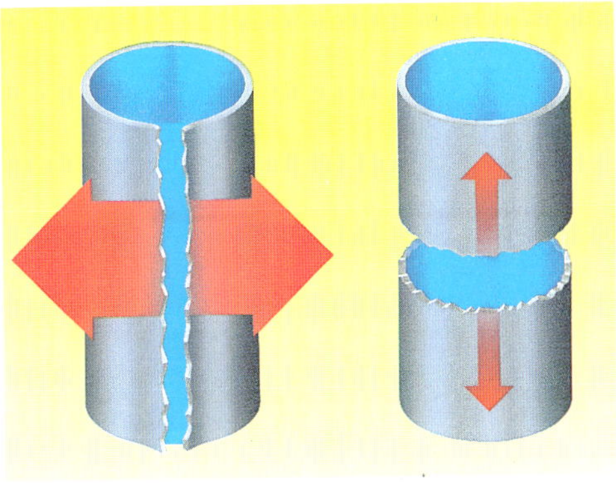

Wie bei der hydraulischen Presse entstehen bei gleichem Druck D an der größeren Fläche stärkere Kräfte als an der kleineren Fläche des Rohrquerschnitts. Die Röhre und die Würstchen platzen deshalb in Längsrichtung.

ben. Wenn man also eine größere Fläche F_2 zur Verfügung stellt, muß auch die Kraft K_2 größer sein, weil ja der Quotient D gleich bleibt. Jetzt ist es möglich, eine kleine Kraft auf eine kleine Fläche wirken zu lassen. Die Flüssigkeit gibt diesen Druck auf eine größere Fläche weiter, auf der dann eine größere Kraft zur Verfügung steht.

$$D = \frac{K_1}{F_1} = \frac{K_2}{F_2}$$

Wenn Sie in die Formel Zahlen einsetzen, wird das deutlich.

An Arbeit spart man bei dieser „hydraulischen Presse" nichts, denn in der schmalen Röhre muß man zwar eine kleinere Kraft aufwenden, aber einen längeren Weg zurücklegen, um im breiten Rohr etwas hochzudrücken. Arbeit ist physikalisch gesehen Kraft multipliziert mit dem Weg, und damit wird klar, daß mit diesem technischen Kniff allein die Kräfte geschickt verteilt sind – die Arbeit bleibt die gleiche.

Mit der Formel wird auch plausibel, warum ein Würstchen beim Heißmachen immer in Längsrichtung platzt. Der Druck in einem Würstchen entsteht ja bei hohen Temperaturen deshalb, weil das Wasser im Würstchen zu Dampf wird. Dieser Druck breitet sich allseitig aus. Die Kräfte quer zur Wurst haben nur eine kleine Fläche – nämlich den Querschnitt – zur Verfügung. Über die Länge der Wurst gesehen bildet sich eine weitaus größere Fläche an, so daß bei konstantem Druck diese Kräfte weitaus größer sind – etwa 2 mal so groß. Übrigens platzen auch aus diesem Grund Wasserrohre bei Überdruck in Längsrichtung.

6

Luftschlösser sind kein Traum

Ein Stock wird bewegt ...

... plötzlich erscheint ein Bild.

Das Kunststück:

Sie nehmen einen weißbemalten Holzstock, verdunkeln den Raum und bewegen den Stock heftig hin und her. Plötzlich sehen Ihre Gäste ein Bild, das mitten im Zimmer zu stehen scheint. Ein Beweis für Ihre übersinnlichen Kräfte?

Das knoff-hoff:

Dieses Kunststück zeigt, daß Sie Knoffhoff besitzen. Das Bild, das im Raum erscheint, steckt in einem Dia-Projektor. Der Lichtkegel des Projektors trifft auf einen schwarzen Kasten, der mit Samt ausgekleidet ist. Dadurch vermeiden Sie Reflexionen, und wenn nur wenig Staub im Zimmer vorhanden ist, kann man den Lichtkegel des Projektors im Zimmer kaum erkennen. Die Schärfe des Diaprojektors ist auf die Ebene eingestellt, auf der Sie den Holzstab hin- und herbewegen. Tun Sie das, so reflektiert der weiße Stab jeweils einen Streifen des Bildes. Weil unser Auge sehr träge ist, „leuchtet" dieses Zeilenbild auch dann noch nach, wenn der Stab in einer anderen Position einen neuen Teil des Bildes reflektiert. Geschieht die Bewegung des Stabes schnell genug, kann das vollständige Bild wahrgenommen werden.

Fernseher übrigens funktionieren auch nach diesem Prinzip. Das Fernsehbild wird zerlegt und auf dem Bildschirm mit Hilfe eines Elektronenstrahls aufgebaut. Der Elektronenstrahl läuft dabei zeilenweise über eine Leuchtschicht des Schirmes, die je nach der Stärke des variablen Strahles mehr oder weniger stark aufleuchtet. Ge-

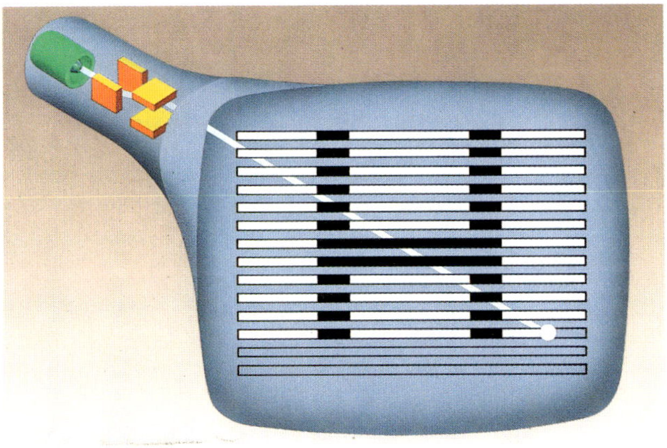

In einer Fernsehröhre baut ein Elektronenstrahl das Bild zeilenweise auf.

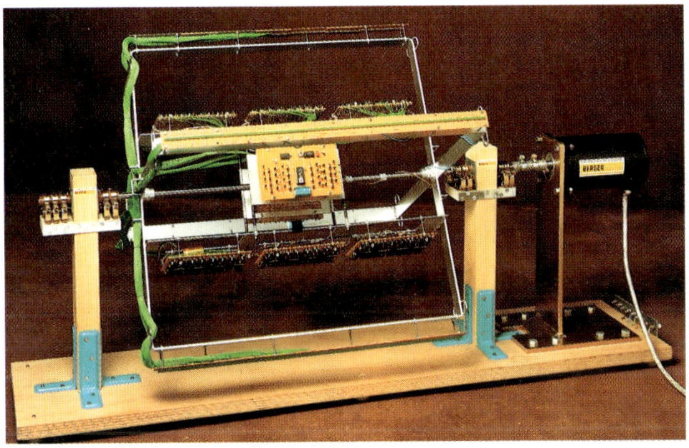

Dieser Fernseher besteht aus einer Leuchtdiodenzeile.

Beim Rotieren sehen wir – nach entsprechender Aussteuerung – das Fernsehbild.

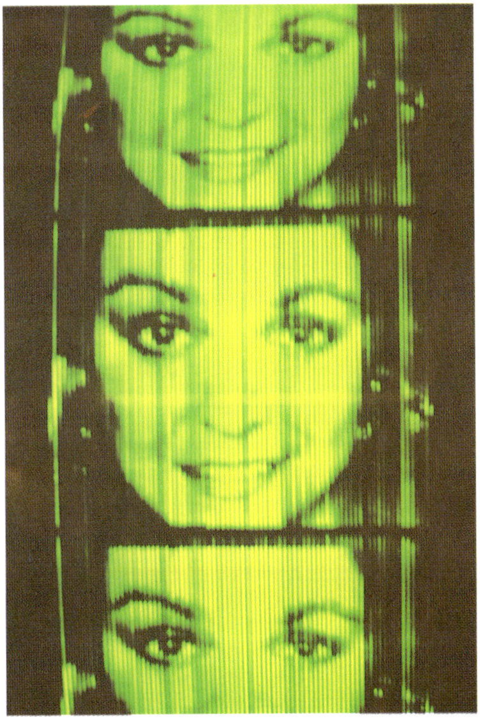

schieht dieser Bildaufbau sehr schnell – normalerweise in $\frac{1}{25}$ Sek. –, so läßt sich unser Auge täuschen und setzt aus den Zeilen ein vollständiges Bild zusammen.

Ein Erfinder hat sich übrigens den Spaß gemacht, aus nur 1 Leuchtzeile ein Fernsehbild aufzubauen. Das funktioniert ähnlich wie mit unserem Stock. Die Zeile besteht aus ansteuerbaren Leuchtdioden, die in ihrer Helligkeit geregelt werden können. Diese Zeile ist auf einer Achse angebracht und kann rotieren. Bewegt sie sich etwas nach unten, so wird eine neue Hell-Dunkel-Verteilung auf die Leuchtdiodenzeile – eine Zeile – eingegeben. Bei einer weiteren Drehung eine andere usw.. Dieser Informationswechsel entspricht dem Zeilenaufbau des Elektronenstrahls auf einem Bildschirm.

Der Unterschied ist, daß die Zeile mechanisch – durch Rotation – eine neue Position erhält und sich dadurch das Bild aufbaut. Bei entsprechender Synchronisation mit den ankommenden Fernsehsignalen entsteht der Eindruck eines Fernsehbildes.

Tricks und Tips:

Vielen Leuten reicht es nicht, Fernsehbilder nur in dem Format zu sehen, wie es zur Zeit angeboten wird. So hat ein Erfinder eine Vorrichtung gebastelt, die es erlaubt, in jeder Lage ein senkrechtes Fernsehbild zu sehen. Die Ablenkspulen in der Fernsehröhre sind drehbar angeordnet, und ein Gewicht hält sie immer in der richtigen Lage – auch wenn das Gehäuse mit der Röhre gedreht wird.

Dem lebendigen Roboter . . .

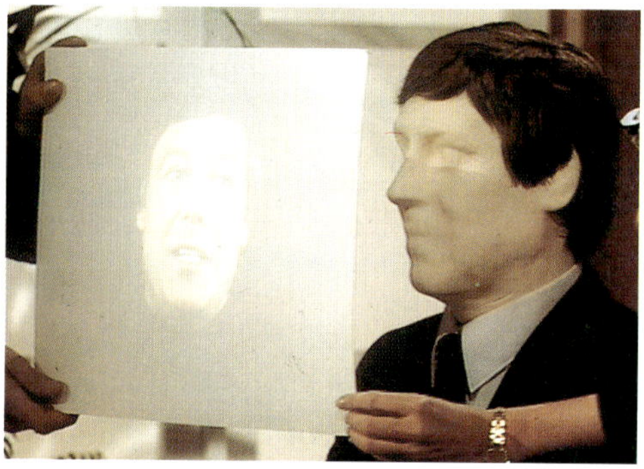

. . . wird das Gesicht projiziert.

Mit Projektionen sind auch noch andere Kunststücke möglich. Es ist der Traum vieler Menschen, menschenähnliche Roboter – Maschinenmenschen – zu bauen. Der folgende Tip bringt dieses Konzept einen großen Schritt voran. Einer Schaufensterpuppe wird der Gesichtsbereich weiß gemalt. Dann filmen Sie eine Person in entsprechender Körpergröße – besonders eindrucksvoll während einer Ansprache. Wenn Sie diesen Film in einem etwas abgedunkelten Raum auf das Gesicht der Schaufensterpuppe projizieren, so erweckt das bei entsprechender Einpassung den Eindruck, als ob die Puppe die Ansprache halten würde. Die Wirkung wird unterstützt, wenn die Schaufensterpuppe die richtige Größe besitzt und dementsprechende Kleider trägt. Dieser Trick wird in der Werbung ausgenutzt. Wirkungsvoll sind dabei sorgfältig ausgestoppte Zwiegespräche mit echten Partnern. Die Fragen und Antworten sind selbstverständlich vorher aufeinander abgestimmt.

7

Zauberei mit der Garnrolle

Das Kunststück:

Wenn Ihnen eine Garnrolle unter den Schrank rollt und Sie den Faden dabei noch in der Hand halten, so haben Sie Glück um Unglück gehabt. Mit einigem Geschick können Sie die Garnrolle durch einen kurzen Zug am Faden elegant wieder unter dem Schrank hervorrollen lassen. Manchmal gelingt es – manchmal jedoch nicht – die Garnrolle läuft dann nach hinten weg. Mit dem entsprechenden Knoff-hoff können Sie es jedoch so einrichten, daß die Garnrolle zu Ihnen rollt.

Das knoff-hoff:

Schnell werden Sie herausgefunden haben, daß die Bewegungsrichtung der Garnrolle von dem Winkel abhängig ist, den der Faden mit dem Boden bildet. Wird der Faden sehr steil gehalten, so bewegt sich die Garnrolle von Ihnen weg – halten Sie den Faden flacher, so kommt sie auf Sie zu. Verständlich wird dieses Verhalten mit Hilfe der Grafiken. Die momentane Drehachse der Garnrolle ist ihr Auflagepunkt. Verlängert man in Gedanken den Faden und zieht überdies eine

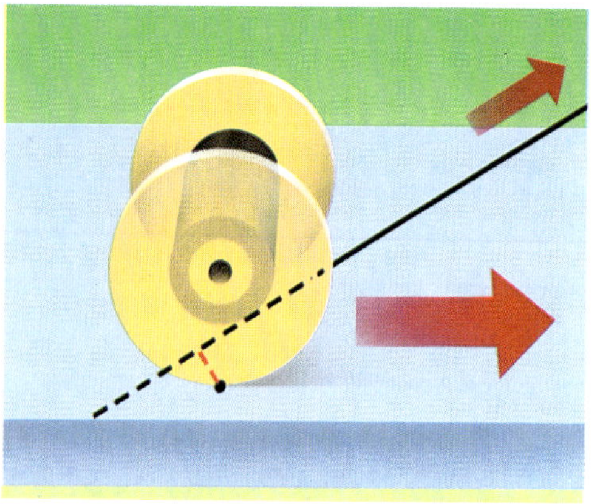

Der Hebelarm befindet sich hier über dem Auflagepunkt – die Rolle dreht sich nach rechts.

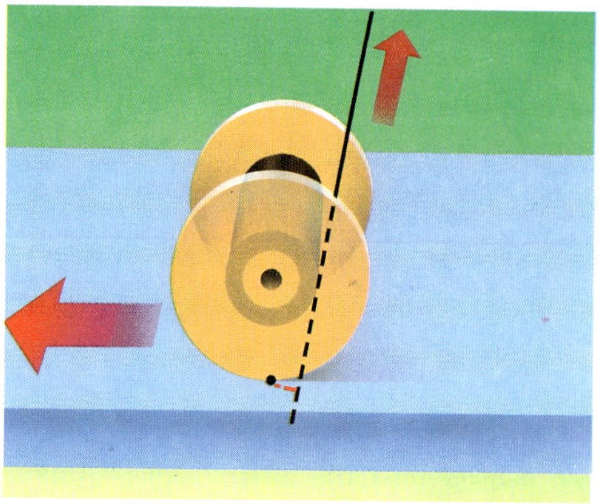

Der Hebelarm setzt hier so an, daß die Rolle nach links rollt.

senkrechte Verbindung zu dieser Drehachse, so ist das der Hebelarm, der die Kraft am Faden an die Rolle weitergibt. Einleuchtend ist dann, daß in dem einen Fall die Garnrolle nach rechts – also in Richtung des Fadens – und im anderen Fall nach links – in die Gegenrichtung rollt. Mit dieser Methode können Sie auch leicht bei den vielen anderen möglichen Fadenhaltungen untersuchen, in welche Richtung sich die Garnrolle bewegt.

Tricks und Tips:

Gut ist es, wenn Sie dieses Kunststück auf einem rauhen Untergrund durchführen. Bei glattem Boden stellt sich die Garnrolle allzu leicht quer. Ganz ernsthafte „Knoff-hoffler" bauen mit zwei dünnen Holzleisten eine äußere Führung für die Garnrolle, so daß sie beim Anziehen des Fadens nicht seitlich ausscheren kann. Wie schwer es ist, die Bewegung von Rollen vorauszusagen, zeigt auch dieses Kunststück. Zwei Holzbretter sind über ein Scharnier verbunden. Legt man einen Keil auf zwei Rollen und drückt die beiden Bretter zusammen, so glaubt fast jeder, daß der Keil nach innen laufen wird. Aber – das Gegenteil ist richtig! Dieses Kunststück können Sie auch zwischen Buchdeckeln, mit einem kleinen Keil und zwei Bleistiften als Rollen vorführen.

8

Der Schuß auf das Ei

Das Kunststück:

Schießen ist eine gefährliche Angelegenheit. Aber viele Kunststücke lassen sich eben nur mit einem Gewehr vorführen. Wenn Sie mit dem Luftgewehr auf ein gekochtes Ei schießen, so wird das Ei – falls Sie es treffen – einfach von der Kugel durchbohrt. Nehmen Sie sich jedoch ein rohes Ei als Ziel vor, so zerplatzt das getroffene Ei in alle Richtungen. Das gleiche Kunststück können Sie auch mit Holzkästen machen. Schießen Sie mit einem Kleinkalibergewehr auf den leeren Holzkasten, so gibt es einen glatten Durchschuß. Füllen Sie jedoch den Kasten mit Wasser und treffen ihn dann mit der Kugel, so explodiert der Kasten. Ist Wasser ein billiger Sprengstoff – oder was steckt dahinter? Übrigens – für ein Kleinkalibergewehr braucht man einen Waffenschein.

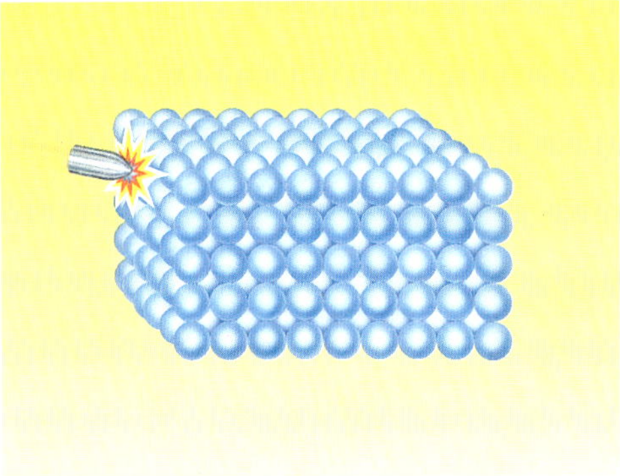

Die Gewehrkugel trifft auf die dicht gepackten Wasserteilchen.

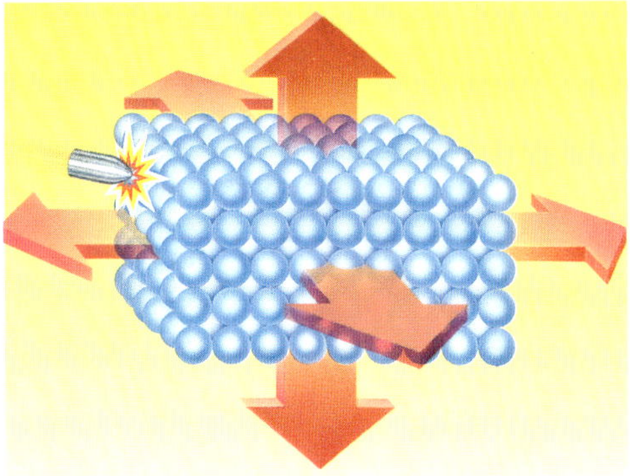

Der plötzlich auftretende Druck in alle Richtungen läßt den Holzkasten explodieren.

Das knoff-hoff:

Wasser kann man nicht zusammenpressen (Ausnahmen siehe K 10). Der Druck auf das Wasser breitet sich überdies in alle Richtungen gleichmäßig aus. Trifft nun die Gewehrkugel auf den mit Wasser gefüllten Holzkasten, so wird der damit verbundene Druck gleichmäßig nach allen Seiten weitergegeben. Stellt man sich die Wasserteilchen als Stahlkugeln vor, so gibt eine Kugel den Aufprall sofort an die nächste weiter – und das geht so lange, bis diese Druckwelle alle Wände des Holzkastens erreicht. Ist der Kasten nicht sehr fest zusammengefügt, so reißt es die Wände auseinander. Denn nahezu die gesamte Energie, die in der Gewehrkugel steckt, prallt auf die Wände. Daß der Kasten oben offen ist, nützt ihm bei diesem Kunststück wenig. Die Stoßwelle läuft so schnell durch das Wasser, daß die Flüssigkeit keine Zeit hat auszuweichen. Die Wirkung ist so, als ob der Kasten oben geschlossen wäre. Ist der Kasten nur mit Luft gefüllt, durchschlägt die Gewehrkugel zunächst die Holzwand – die dahinterliegenden Luftmoleküle besitzen eine größere Bewegungsfreiheit als die dicht gepackten Wasserteilchen, sie weichen aus und dämpfen höchstens die von der Gewehrkugel mitgebrachte Energie. Ein fester Körper – wie das Holz – überträgt den Druck nur in eine Richtung. Deshalb durchbohrt die Kugel auch die zweite Holzwand, ohne sie zu zersplittern.

Beim Schuß auf das rohe Ei passiert dasselbe wie im wassergefüllten Kasten. Ist das Ei jedoch gekocht, so breitet sich der Druck in diesem „festen" Körper nicht mehr allseitig aus – das Ei wird – vergleichbar mit der Holzwand des luftgefüllten Kastens – einfach durchschlagen. Dieses Kunststück kann man auch mit Wassermelonen machen, die wie eine Bombe „explodieren". Übrigens hat das Wissen um diese Experimente einen traurigen Hintergrund. Im Krieg hatte ein Schuß in die gefüllte Blase eine verheerende Wirkung. Die Soldaten wurden deshalb vor dem Gefecht auf die Toilette geschickt. Schlimm genug war aber auch ein Kopfschuß – das Gehirn ist ja in Wasserkammern eingebettet. Wildwestfilme zeigen solche Verletzungen „künstlerisch" schön, jedoch nicht realistisch.

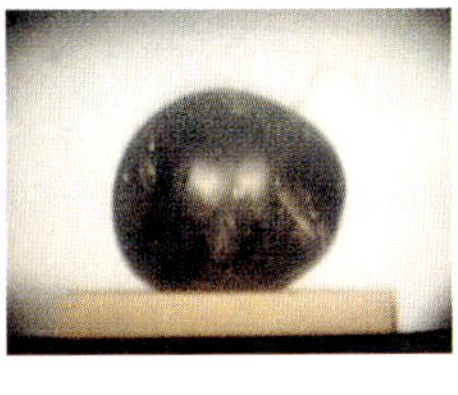

Tricks und Tips:

Weil das Wasser nicht zusammenpreßbar ist, kann es für verschiedene Kunststücke ausgenutzt werden. Eine schwere Steinkugel dreht sich sehr leicht, wenn man sie nur berührt. Das Geheimnis: Die Kugel „läuft" auf einem dünnen Wasserfilm. Sie ist so in die Schale eingepaßt, daß eine millimeterdünne Wasserschicht für das Gleiten ausreicht. Erstaunlich ist, daß der Wasserdruck der öffentlichen Wasserversorgung für dieses Kunstwerk ausreicht. Das Wissen über die hydraulische Presse (K 5) macht das plausibel. Die untere Hälfte der Steinkugel bildet für die Kraft des Wassers eine recht große Angriffsfläche. Aus dem Wassernetz kommt das Wasser mit einem Druck von etwa 4 bar, das sind 4 kp/cm^2. Der Querschnitt der Wasserleitung beträgt nur wenige Zentimeter. Die Kugel jedoch bietet etwa $\frac{1}{3}$ ihrer Oberfläche dem Wasserdruck an – sie hat einen Durchmesser von 1,20 m. Eine Rechnung mit der Formel in K 5 zeigt, daß der Künstler zum Heben der 3 t schweren Kugel weitaus weniger Druck braucht als das Wassernetz anbietet – er reduziert den Druck deshalb sogar mit einer dazwischengeschalteten Pumpe.

Die Jungen am Strand nutzen den dünnen Wasserfilm des zum Meer zurücklaufenden Wassers, um mit ihrem Holzbrett relativ reibungsfrei gleiten zu können. Was hier Spaß macht, ist beim Autofahren gefährlich. Ab etwa

60 km/h kann sich ein dünner Wasserfilm zwischen Reifen und Straße ausbilden, auf dem das Auto ins Rutschen kommt. Dieses „Aquaplaning" versucht man durch eine besondere Form des Reifenprofils zu vermeiden – mit geringem Erfolg. Das Profil soll das Wasser unter dem Reifen schnell ableiten und die Wasserfilmbildung verhindern. Bei tiefen Pfützen versagt jedoch auch dieses Hilfsmittel.

Ausbildung einer Wasserschicht zwischen Reifen und Straßenbelag. Das Auto ist nicht mehr zu kontrollieren.

Profile sollen das Wasser schnell ableiten – das gelingt nur zum Teil. Beide Aufnahmen wurden von unten durch eine Glasscheibe gemacht.

In Österreich haben findige Leute auf das Wasser geschossen und bemerkt, daß bei einem bestimmten Auftreffwinkel die Gewehrkugeln an der Wasseroberfläche abprallen. Mit diesem Trick wird beim „Preberschießen" – genannt nach dem See – auf Zielscheiben geschossen. Wie wenig Wasser zusammenpreßbar ist, merken Sie auch, wenn Sie bei einem Startsprung statt mit dem Kopf mit dem Bauch im Wasser landen.

9

Der Geist in der Flasche

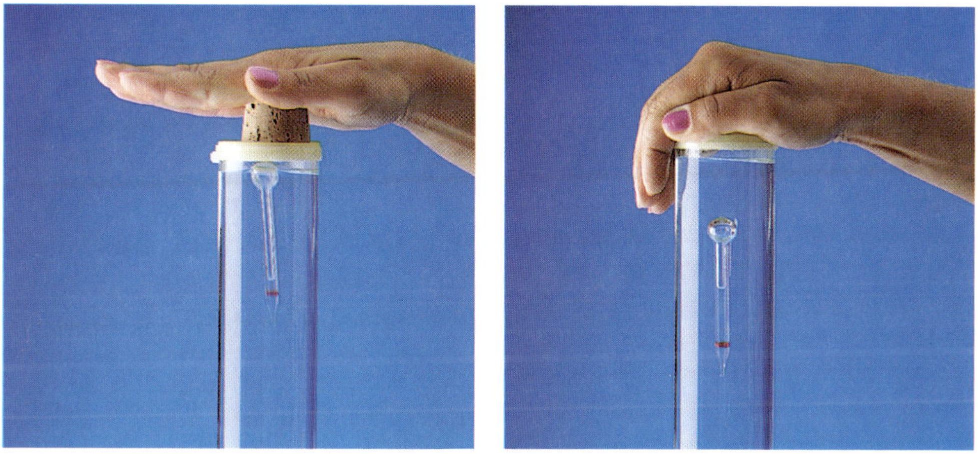

Der Wasserspiegel im Glasfläschchen steigt durch den ausgeübten Druck – es wird schwerer und sinkt nach unten.

Das Kunststück:

Kleine Glasfläschchen lassen sich gut für eine Spielerei verwenden. Kopfüber in Wasser getaucht, gehorchen sie auf Daumendruck. Drücken Sie auf die Gummihaut, die das Gefäß verschließt, so bewegt sich der „Taucher" nach unten. Beim Nachlassen des Drucks steigt das kleine Fläschchen im Wasser wieder nach oben. Aus diesem simplen Spielzeug hat man kleine Tauchfiguren entwickelt, die jedoch prinzipiell so funktionieren wie unser Glasfläschchen.

Sicher kennen Sie dieses Kunststück aus Ihrer Kindheit. Aber – wenn Sie ein Stückchen harten Schaumstoff in einem Glasgefäß unterbringen und jetzt auf die Membran drücken, so bewegt

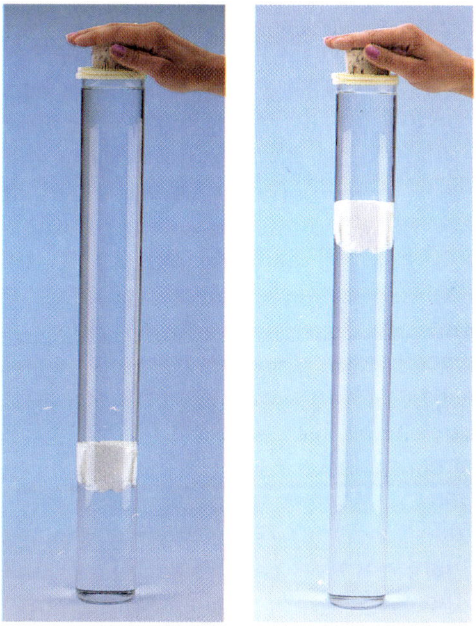

Der Schaumstoff steigt beim Drücken nach oben.

sich der Schaumstoff plötzlich nach oben! Ein Kunststück, das wie Zauberei aussieht.

Das knoff-hoff:

Flüssigkeiten sind nicht zusammenpreßbar (K 9), Gase hingegen relativ leicht. Unsere Hand übt auf das Wasser Druck aus, der sich in einer Flüssigkeit in alle Richtungen gleichmäßig ausbreitet. Das eingetauchte Glasfläschchen enthält Luft – auf die das Wasser den von außen ausgeübten Druck überträgt. Die Luft wird zusammengepreßt – mehr Wasser dringt in das Fläschchen ein – es wird schwerer und sinkt deshalb nach unten. Läßt der Druck mit der Hand nach, so dehnt sich die eingeschlossene Luft wieder aus – das Röhrchen wird dadurch leichter und steigt nach oben. Der veränderliche Wasserspiegel im Fläschchen ist auf den Fotos gut zu erkennen. Warum jedoch steigt das Stück Schaumstoff nach oben, wenn wir dieses Kunststück mit diesem Material versuchen? Ein Trick macht das möglich. Die Hohlräume des Schaumstoffes sind mit Gas gefüllt. Deshalb ist er leicht und schwimmt auf dem Wasser. Selbst wenn wir das Schaumstoffstück mit der Hand zusammenpressen, wird es nicht schwerer als Wasser. Um es überhaupt unter Wasser zu bekommen, wählt man die Abmessungen des harten Schaumstoffes so, daß er zwischen den Glaswandungen eingeklemmt werden kann. Dann schüttet man das Wasser hinzu und verschließt das Gefäß mit einem Stück Gummi. Drücken Sie jetzt über die Membran auf das Wasser, so preßt das Wasser die Hohlräume des Schaumstoffes zusammen. Der Schaumstoff löst sich aus der Verkantung und steigt nach oben. Das ist die ganze Zauberei.

Tricks und Tips:

Das Stückchen Schaumstoff darf nicht zu fest eingeklemmt werden. Wenn das geschieht, so reicht die Volumenverkleinerung durch den äußeren Druck nicht aus, das Schaumstoffstück aus der Verkantung zu lösen.

Übrigens ist auch dieses Kunststück eng mit dem gerade geschilderten Trick verbunden. In einer Glasröhre ist eine Sanduhr untergebracht, die auf dem Boden des Glases liegt. In dem Gefäß befindet sich Wasser – der Sand in der Sanduhr läuft gerade von der oberen Hälfte in die untere. Ab einem bestimmten Punkt steigt die Sanduhr nach oben. Dreht man das Glasgefäß um, so beginnt das Ganze von vorne. Zunächst verharrt sie in der unteren Position. Ist genügend Sand in die untere Hälfte der Sanduhr gelaufen, so beginnt sie plötzlich nach oben zu schwimmen. Geheimnisvoll könnte man jetzt über die unterschiedliche Anziehungskraft der Erde in Abhängig-

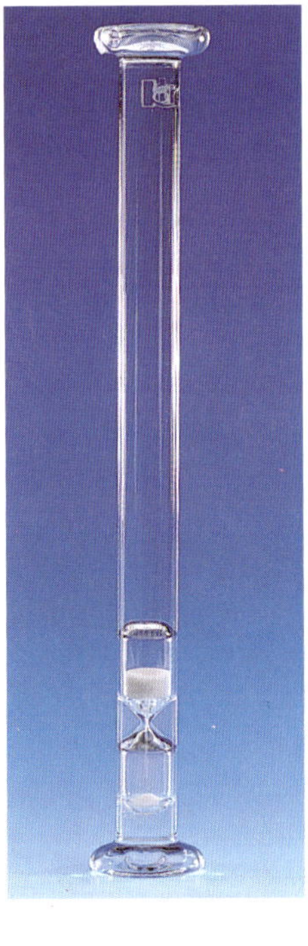

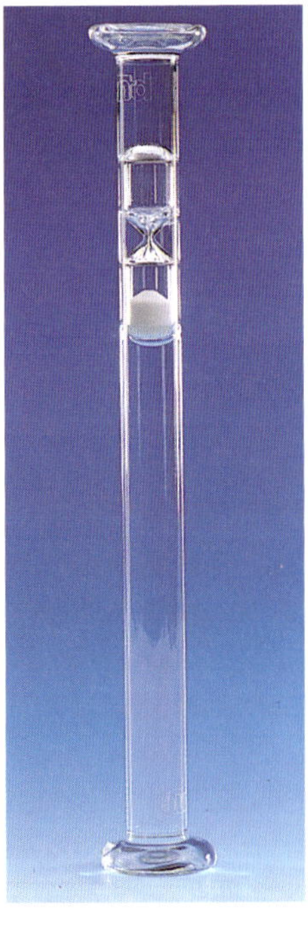

keit von der Höhe spekulieren – die Erklärung dieses Kunststückes ist jedoch weitaus einfacher: Die Sanduhr ist etwas ungleichmäßig gebaut. Befindet sich der Sand in dem oberen Behälter, so kippt die Sanduhr leicht zur Seite und verkantet sich. Sie richtet sich langsam auf, wenn der Sand in den unteren Teil läuft. Die Sanduhr löst sich damit aus der Verkantung – sie ist so dimensioniert, daß sie schwimmt. Deshalb steigt die Sanduhr nach oben. Beim Umdrehen der Röhre wiederholt sich der Vorgang.

Wie leicht sich Luft zusammenpressen läßt, zeigt dieses Kunststück: Eine Röhre wird an den Enden mit zwei Gummihäuten verschlossen. Taucht man tief in das Wasser hinab, so dellen sich die Gummimembranen ein. Der Druck des Wassers nimmt mit der Tiefe zu – denn das Gewicht der auf den Tauchern lastenden Wassersäule wächst ja an, und das verursacht den wachsenden Druck. In Flüssigkeiten breitet sich dieser Druck in alle Richtungen gleichmäßig aus. Die Luft, die durch die Gummimembran eingeschlossen ist, wird deshalb zusammengepreßt. Hält der Taucher die Röhre mit den Gummimembranen nach oben, so ist gut zu sehen, wie der Druck im Wasser mit wachsender Tiefe steigt: Die untere Membran ist stärker eingedellt als die obere, obwohl sie nur wenige Zentimeter voneinander entfernt sind.

Taucher müssen immer daran denken, daß im tiefen Wasser die Luft in ihrem Körper zusammengedrückt ist. Neben der Gefahr der Taucherkrankheit in größeren Tiefen ist schon beim Auftauchen aus nur 10 m zu spüren, wie stark das Atemgerät die Luft in die Lunge hineinpreßt, um dem Wasserdruck zu begegnen. Während des Auftauchens dehnt sich die Luft in der Lunge aus und sprudelt bei offenem Mund heraus.

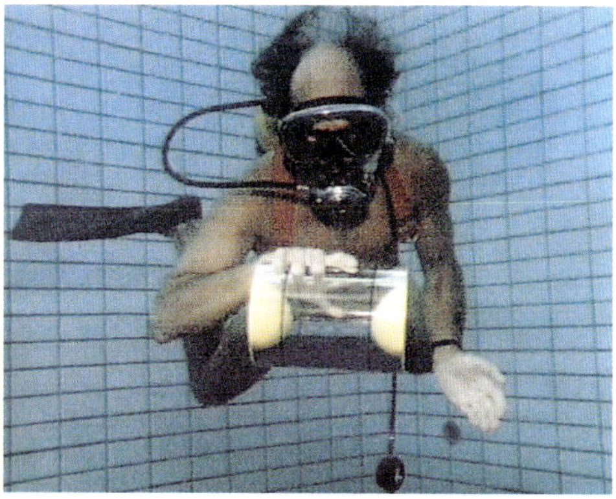

Dem riesigen Druck, den das Wasser verursacht, ist es selbst nicht gewachsen. Denn auch Flüssigkeiten sind zusammenpreßbar – wenn man es genau nimmt. Mit zunehmender Tiefe steigt die Dichte des Wassers. Pro Atmosphäre Druckzunahme vermindert sich das ursprüngliche Volumen um etwa 0,00004. Der Druck des Wassers in ca. 3000 m Tiefe ist so groß, daß eine Pistolenkugel den Lauf nicht verlassen kann. Wenn das Wasser der Ozeane sich von diesem Druck durch das eigene Gewicht befreien könnte, hätte es auch in der Tiefe dieselbe Dichte wie an der Oberfläche. Der Wasserspiegel der Weltmeere würde um 40–50 m ansteigen – große Landflächen würden dadurch versinken.

10

Was alles im Dampf steckt

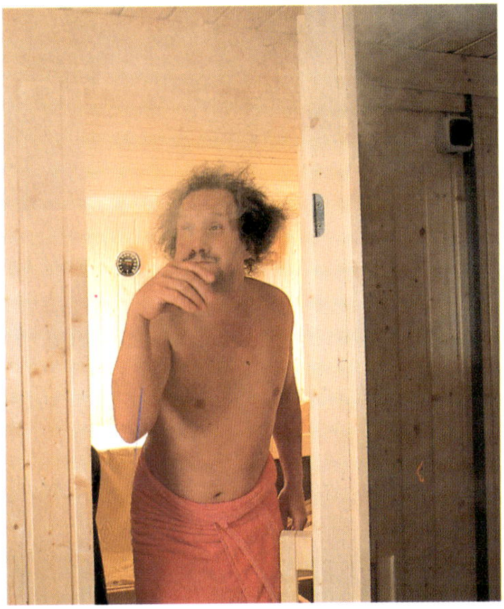

Nach einem Aufguß treibt es viele aus der Sauna.

Das Kunststück:

Dampf kann sehr heiß sein. Wenn Sie in der Sauna einen „Aufguß" machen – dabei wird Wasser auf die glühenden Steine geschüttet und der entstehende Dampf verbreitet sich in der Sauna – gibt Ihnen der heiße Dampf das Gefühl, in der Hölle zu kochen. Auch türkische Dampfbäder können ähnlich verbrühend sein. Erstaunlich ist, welche Energie in dem Dampf steckt. Wenn Sie beobachten, wie schnell zum Beispiel mit Hilfe des

Dampfes aus einer Espressomaschine ein Glas Tee heißgemacht wird, fragt man schon nach dem Knoff-hoff, das in dem Dampf steckt. Das Wasser im Glas besitzt eine Temperatur von 22 °C. Dampf aus einer Espressomaschine wird in das Wasser geleitet und die Temperatur beträgt nach wenigen Sekunden 33 °C. Der Wasserspiegel ist dabei kaum gestiegen. Die Erwärmung erfolgte also nicht etwa durch das Wasser, das mit dem Dampf hinzugemischt wurde. Was hat die Energie in den Tee gebracht?

Das knoff-hoff:

Viele kleine Wasserteilchen – die Moleküle – bilden ja eine Flüssigkeit. Diese Teilchen ziehen sich gegenseitig an – selbst beim Ausgießen kleben sie noch aneinander – deshalb gibt es ja Wassertropfen. Beim Erwärmen bewegen sich die Teilchen immer heftiger und immer mehr können sich mit der neu gewonnenen Energie voneinander losreißen – Dampf entsteht. Die Wassermoleküle schwirren jetzt heftig umher und sind untereinander nur noch sehr locker miteinander verbunden. Unter dem Gefäß mit dem Wasser befindet sich die Herdplatte, die ihre Energie an das Wasser abgibt. Diese Wärme findet sich als Bewegungsenergie der Teilchen wieder. Je höher die Geschwindigkeit der Wasserteilchen ist, um so mehr Energie haben sie aufgenommen. Wollen die Teilchen aus diesem dampfförmigen

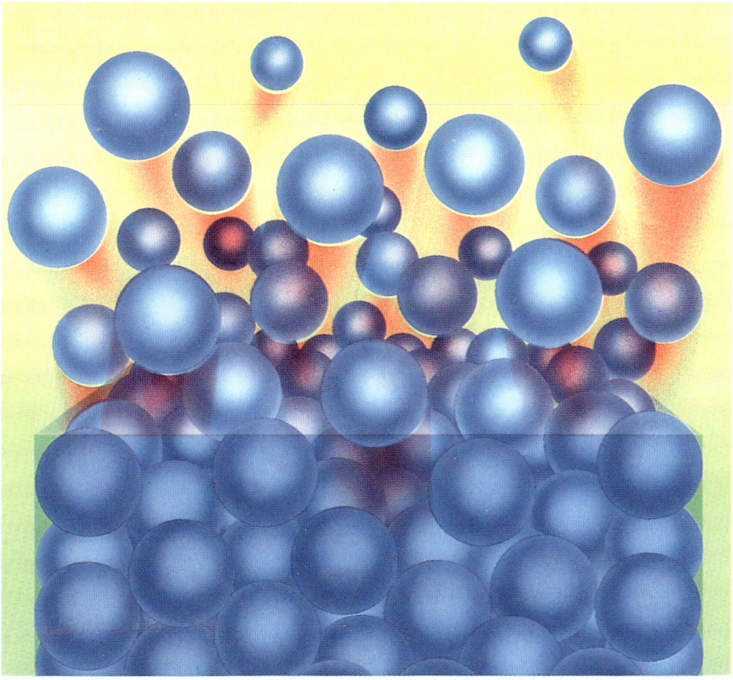

Im flüssigen Zustand „kleben" die Wasserteilchen eng zusammen. Im Dampf haben sie sich voneinander gelöst.

Zustand wieder zurück in den flüssigen Zustand, so müssen sie diese Bewegungsenergie abgeben. Dazu ist es notwendig, die Geschwindigkeit zu verringern; denn erst dann ist es möglich, sich gegenseitig festzuhalten. Trifft Dampf auf die Haut, so kondensiert er zu Wasser. Dabei prallen die Teilchen auf die Haut und geben dort ihre Energie ab. Die Moleküle, aus denen die Haut besteht, bewegen sich nun heftig hin und her – es wird heiß. Wegen dieser Kondensation ist bei einem Aufguß der Dampf in der Sauna so höllisch heiß. Auch der in das Wasser geleitete Dampf aus der Espressomaschine erwärmt das Wasser auf diese Weise. An dem großen Temperatursprung sehen Sie, wieviel Energie in dem Dampf steckt.

Diese Energie spielt beim Wetter eine Rolle. Steigen Luftmassen, die ja Wasserteilchen enthalten, nach oben, kondensiert dieser Wasserdampf in den kälteren Schichten. Dabei wird Energie in Form von Wärme frei. Die Luftmassen erwärmen sich dadurch und können in der kälteren Umgebungsluft noch höher steigen. Riesige Gewitterwolken entstehen so, die sich immer weiter aufschaukeln. Unter bestimmten Bedingungen kann sich ein Tornado entwickeln, der in einer Röhre die Bodenluft nach oben saugt.

Bei einem Tornado verstärkt die Kondensation die Aufwärtsbewegung der Luft.

Tricks und Tips

Diese elegante Art, über die Kondensation Energie zu transportieren, benutzt man auch in der Technik. Erstaunlich ist dabei dieses Kunststück: Zwei Stäbe aus Kupfer werden in heißes Wasser gestellt. Der eine Stab besteht aus kompaktem Kupfer, der andere ist hohl und mit einer Flüssigkeit gefüllt. Das obere Ende des hohlen Stabes wird sehr schnell heiß. Das ist an dem roten Temperaturstreifen zu sehen. Der Stab aus kompaktem Kupfer hat sich in dieser Zeit nur im unteren Bereich erwärmt. Die Flüssigkeit im hohlen Stab besitzt einen niedrigen Siedepunkt. Sie wandelt sich deshalb sehr schnell in Dampf um, in dem ja – wie wir wissen – viel Energie steckt. Der Dampf kondensiert am oberen Ende – gibt seine Energie ab und läuft als Flüssigkeit nach unten. Der Vorgang beginnt von neuem. Obwohl das kompakte Kupfer ein recht guter Wärmeleiter ist, vermag die sogenannte „Wärmeröhre" die Wärme weitaus schneller zu leiten. Benutzt wird ein solches System um z. B. die von der Sonne aufgefangene Wärme in einen großen Aluminiumblock zu transportieren. Die Wärme wird dort gespeichert und der Ofen kann so auch in der Nacht benutzt werden.

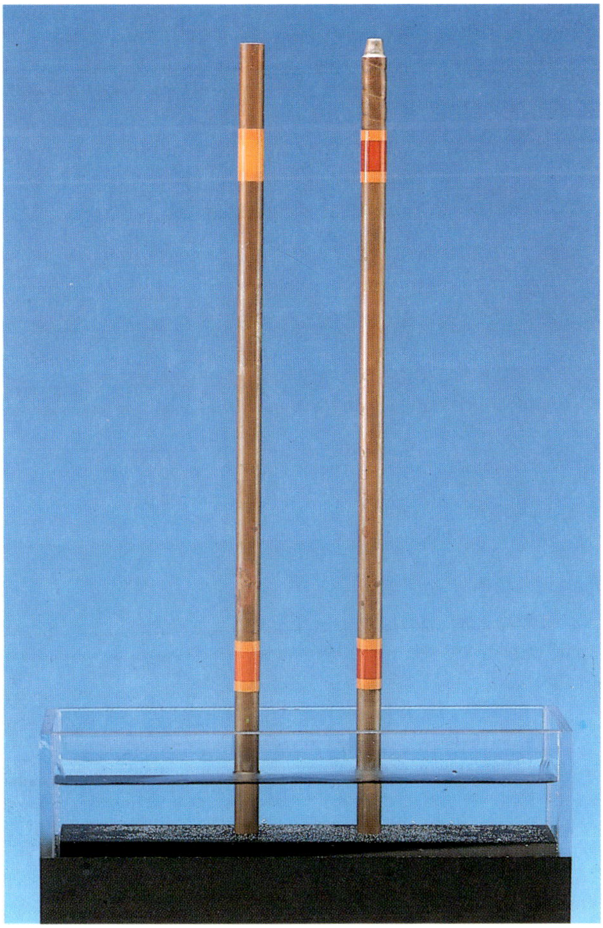

Die Hitze steigt in einer „Wärmeröhre" (rechts) schneller nach oben als im kompakten Kupferstab.

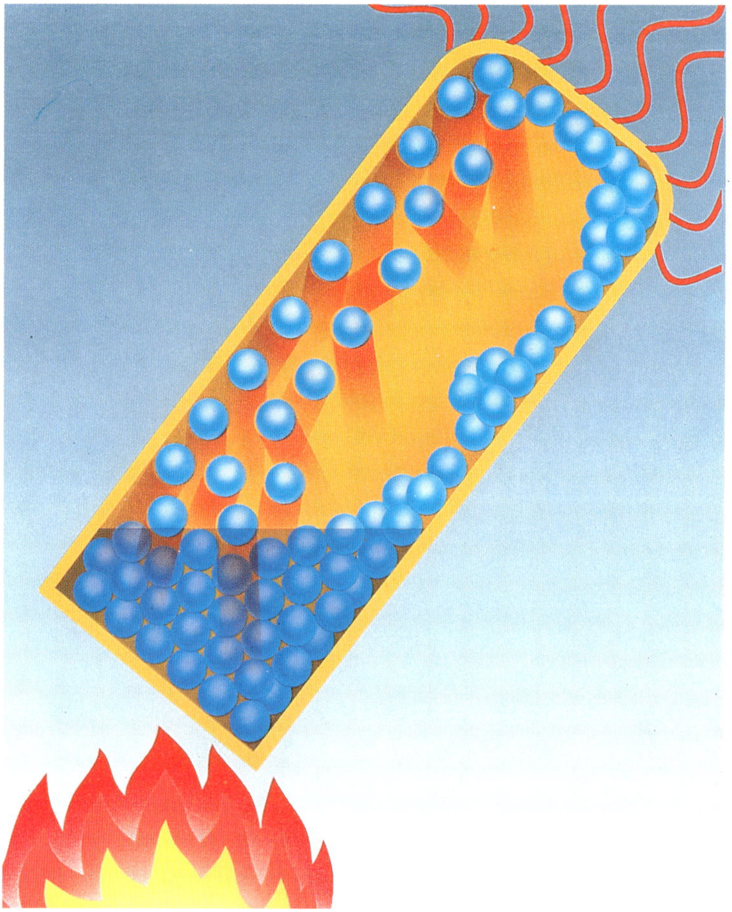

Der Dampf steigt in der Röhre nach oben, kondensiert zu einer Flüssigkeit und gibt dabei Energie ab.

Hausfrauen setzen kleine Wärmeröhren ein, um dicke Fleischstücke gleichmäßiger durchzubraten. Die Röhren werden in das Fleisch gespießt und die Hitze von außen in das Fleischinnere geleitet.

Die Wärmeröhren werden von der Sonne bestrahlt und leiten die Wärme in den oberen Aluminiumblock, der als Herd dient und die Wärme speichert.

11

Der Tip für Bierzapfer

Das Kunststück:

Ein abgestandenes Bier mag eigentlich keiner trinken. Trotzdem unterliegen offensichtlich immer wieder die Schankkellner der Versuchung, Bier aus nicht vollständig ausgetrunkenen Gläsern oder das sogenannte „Tröpfelbier“ aus dem Sammelgefäß unter dem Zapfhahn einem Gast anzubieten, und das alles, um mehr Liter aus dem Bierfaß oder dem Container zu pressen. Ein berüchtigtes Beispiel aus der jüngsten Zeit gab es dafür sogar in der Bierstadt München. Wie aber zaubert der betrügerische Bierzapfer den Schaum auf das zusammengeschüttete Bier? Ein kurzes Aufdrehen des Zapfhahnes bringt etwas frisches Bier in das Glas und damit eine magere Schaumkrone. Wir schlagen jedoch eine andere Technik zum Aufschäumen des Bieres vor. Sie ist etwas kompliziert für die praktische Anwendung, vielleicht wird sie deshalb in den Gaststätten nicht allzu große Verbreitung finden. Aber dieses Kunststück ist zumindest interessant. Wir benutzen eine Vakuumpumpe – stellen das abgestandene Bier unter die Glasglocke und schalten die Pumpe ein. Sehr schnell steigen Gasblasen im Bier auf, und es bildet sich eine volle Schaumkrone – ein Werbefotograf wäre stolz darauf. Welch ein einträgliches Kunststück für unehrliche Wirte.

Das knoff-hoff:

Beim Bierbrauen entsteht während des Gärungsprozesses Kohlendioxid, und dieses Gas wird während des Zapfens zusätzlich über eine Druckanlage in das Bier gepreßt. Die Gasblasen steigen nach oben und bilden dabei auf der Oberfläche des Bieres eine Schaumkrone. Das funktioniert deshalb, weil Bestandteile des Bieres die Oberflächenspannung des Wassers senken und sich so eine Flüssigkeitshaut um das aufsteigende Kohlendioxidgas legen kann. Der Schaum hält sich dann nicht lange, wenn die Biergläser mit entspannenden Spülmitteln gespült werden. Reste des Spülmittels bleiben im Glas, und die entspannenden Mittel setzen nun die Oberflächenspannung des Bieres so weit herab, daß die Schaumbläschen zerreißen. Das ist eine Erklärung dafür, daß Ihr frisch serviertes Bier keine Schaumkrone zeigt. Mit der Zeit verliert das Bier das hineingepreßte Kohlendioxid und, es kommt mit dem umgebenden Luftdruck zu einem Gleichgewicht. Das Bier ist schal. Unter der Glasglocke der Vakuumpumpe pumpen wir die Luft heraus, die das Bierglas umgibt. Das Gleichgewicht wird gestört, und die noch gelösten Gasbläschen im Bier können wegen des geringeren Luftdrucks aufsteigen und den Bierschaum bilden. Stellen wir wieder den normalen Luftdruck her, indem wir Luft in die Glasglocke lassen, so fällt der Bierschaum schnell wieder in sich zusammen. Doch kein Tip für Wirte, die unredlich ihr Geld verdienen wollen.

Wenn Sie einen „Mohrenkopf", der ja weitgehend aus Eiweißschaum besteht, unter die Vakuumpumpe stellen, so bläst sich der Schaum auf das 3- bis 4fache seines Anfangsvolumens auf. Eine Freude für Kinderaugen. Mit ab-

Blechkanister „brechen" unter kaltem Wasser zusammen.

nehmendem Luftdruck finden die im Eiweiß enthaltenen Gasbläschen immer weniger Widerstand und dehnen sich deshalb aus, bis der „Riesenmohrenkopf" dann endlich platzt.

Wie schwer wir an der Luft tragen, zeigt dieses Kunststück. Ein dünnwandiger Blechkanister wird erhitzt und zugeschraubt. In solchen Kanistern wird z. B. Olivenöl verkauft. Gießt man jetzt kaltes Wasser über den Kanister, so bricht er zusammen. Durch die Erwärmung hat sich die Luft ausgedehnt und ist zum Teil aus dem Kanister geströmt. Bei der Abkühlung fehlt diese Luft. Von außen kann dieser plötzliche Unterdruck nicht ausgeglichen werden, weil der Kanister verschraubt ist. Die äußere Luftsäule findet keinen ausgleichenden Widerstand mehr, und die Wände des Kanisters werden verbogen.

Tricks und Tips:

Wenn man schon eine Vakuumpumpe zur Verfügung hat, sollte man die anderen Kunststücke, die unter dem verminderten Luftdruck möglich sind, nicht auslassen. Z. B. kann man einen Luftballon ein wenig aufblasen, verknoten und unter die Glasglocke legen. Mit kleiner werdendem Luftdruck scheint er sich „von selbst" riesengroß aufzublasen. Die vorher in den Luftballon gebrachte Luft erfährt jetzt einen geringeren Widerstand und kann sich deshalb so richtig ausbreiten. Das ist übrigens auch das Schicksal eines Gasballons, den wir von der Erde – also vom Grunde unseres Luftmeeres – aufsteigen lassen. In großer Höhe wird die Luft immer dünner – der äußere Luftdruck also kleiner, so daß sich der Ballon ausdehnt und irgendwann einmal platzt.

Die Luftsäule lastet auf 1 cm^2 unseres Körpers mit einer Kraft, die einem Kilogramm entspricht. Berechnen wir den Druck, der auf unseren Körper durch die Luft ausgeübt wird, so ist er atemberaubend hoch. Bei einer angenommenen Körperoberfläche von 1 m^2 sind das 10 t Gewicht, die auf uns wirken! Wir können diesem Druck widerstehen, weil wir ja durch die eingeatmete Luft den gleichen Druck nach außen aufbauen – mit der äußeren Last also im Gleichgewicht stehen. Pumpt man Luft unter einer zu dünnwandigen Glocke heraus, bricht die Glocke deshalb in sich zusammen.

Flugzeuge besitzen – wegen der Abnahme des Luftdruckes mit steigender Höhe – eine Möglichkeit des Druckausgleichs. Sie halten in der Kabine immer einen Druck, der in etwa 2000 m Höhe herrscht. Dieser Luftdruck ist zwar geringer als am Boden, die Passagiere an Bord fühlen sich aber wohl.

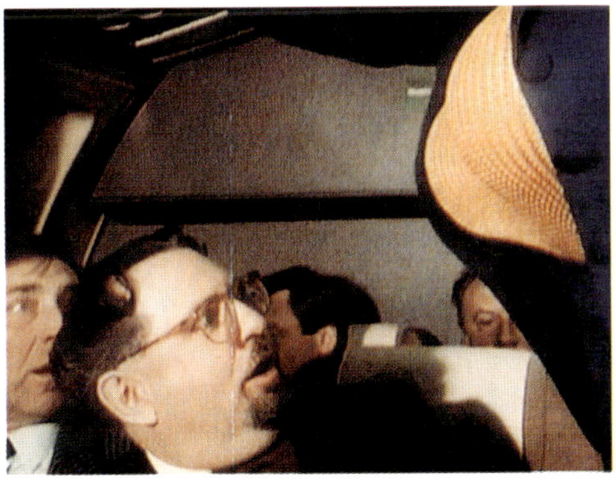

Erzählt wird immer wieder die Geschichte von der Stewardeß, die ihre weiblichen Formen mit Hilfe von Schaumgummieinlagen an der richtigen Stelle etwas betonen wollte. Was am Boden zwar schon stattlich, aber immerhin noch glaubwürdig aussah – entpuppte sich auf Flughöhe als überdimensional. Die Luft im Schaumstoff dehnte sich wegen des geringen Drucks in der Kabine aus.

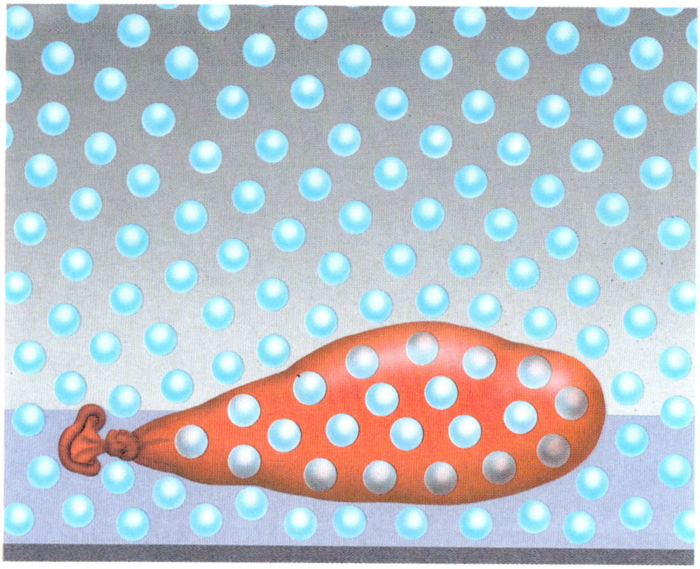

Im wenig aufgeblasenen Luftballon befinden sich die inneren Luftmoleküle und der Druck der äußeren im Gleichgewicht.

Wird unter einer Vakuumglocke die Luft abgepumpt, so können sich die Luftmoleküle im Luftballon ausdehnen und den Ballon „aufblasen".

Eindrucksvoll ist es, einen Luftballon über eine Flasche zu stülpen und unter die Glasglocke der Vakuumpumpe zu stellen. Während des Abpumpens der Luft richtet sich der Luftballon auf, weil jetzt die in der Flasche befindliche Luft keinen Gegendruck erfährt und die Moleküle heftig gegen die Luftballonhaut prallen, die sie dadurch ausdeh-

nen. Aus dem gleichen Grund platzen Würstchen im Vakuum.

Legen Sie ein Würstchen in die Vakuumpumpe, so wird es plötzlich größer und zerplatzt – wenn die Wursthaut luftdicht ist.

In jeder Flüssigkeit ist etwas Luft gelöst, denn immerhin drückt ja die Luftsäule auf die Oberfläche des Wassers, und dabei wird von den Wasserteilchen Luft verschluckt. Wieviel Luft in normalem Leitungswasser enthalten ist, kann man mit der Vakuumpumpe deutlich sichtbar machen. Normales Wasser aus dem Leitungshahn beginnt im Vakuum zu sprudeln, als ob es kochen würde. Aus dem Wasser steigen – ohne den Druck der Atmosphäre – die Luftblasen auf, die sonst von der Luftsäule zurückgehalten werden.

Ein verschrumpelter Apfel wird unter der Vakuumglocke glatt. Die in ihm enthaltenen Gase können sich ausdehnen.

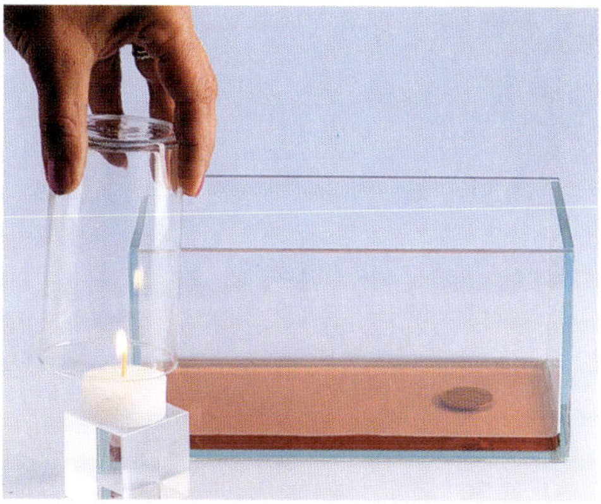

Mit einem erhitzten Glas kann man Wasser aufsaugen.

Wenn Sie keine Vakuumpumpe zur Verfügung haben, können Sie mit einem kleinen Kunststück die Möglichkeiten des geringeren Luftdruckes nachempfinden. In einem Gefäß liegt eine Münze im Wasser. Erhitzen Sie ein Trinkglas mit einer Kerze und stülpen das Glas in das Gefäß, so wird das Wasser vom Glas aufgesaugt. Die Luft im Glas hat sich durch die Flamme ausgedehnt – sie kühlt mit dem Eintauchen ins Wasser ab. Weniger Luft ist jetzt im Glas, die äußere Luftschicht kann das Wasser deshalb ins Glas hineindrücken. Besser gelingt dieses Kunststück, wenn Sie das Glas unter heißem Wasser erhitzen. Vorsicht, das Glas kann zerspringen.

12

Der zersplitternde Wassertropfen

Eine heiße Keramik mit einem Wassertropfen unter der Vakuumglocke.

Der Wassertropfen wird zu Eis.

Das Kunststück:

In eine Vakuumpumpe wird eine heiße Kochplatte gestellt. Dann läßt man einen Wassertropfen auf der Platte „tanzen". Nachdem die Glasglocke über diese Konstruktion gestülpt ist, wird die Vakuumpumpe eingeschaltet. Der Tropfen tanzt zunächst noch auf der heißen Herdplatte – dann plötzlich wird er weiß und hart und springt entzwei. Offensichtlich ist der Wassertropfen im Vakuum zu Eis geworden – trotz der heißen Herdplatte.

Das knoff-hoff:

Daß ein Wassertropfen auf einer heißen Herdplatte „tanzt", dieses Kunststück kann jeder leicht selbst ausführen. Trifft der Wassertropfen auf die heiße Platte, so bildet sich sofort zwi-

Ein auf der heißen Kochplatte tanzender Tropfen im Schattenriß.

schen Wassertropfen und heißem Untergrund ein Dampfpolster. Wie ein Luftkissenboot schwebt der Tropfen hin und her. Das kann recht lange dauern, denn die Wärmeleitung im Dampfpolster zwischen dem Tropfen und der Platte ist recht schlecht. Im Vakuum verdunstet das Wasser schneller als unter normalem Luftdruck. Und hier liegt auch die Lösung dafür, warum der Tropfen plötzlich zu Eis wird. Die Wasserteilchen bewegen sich je nach Temperatur mehr oder weniger heftig. Die gegenseitige Anziehungskraft hält dabei die Teilchen zusammen, so daß der Tropfen nicht auseinanderreißt. Einige Teilchen springen jedoch aus dem Molekülverband heraus und werden von der Luft davongetragen. Neue Wasserteilchen können aus dem Tropfen herausschießen (K11).

Der Luftdruck hemmt die Verdunstung des Wassers; denn die Wassermoleküle prallen auf die Luftteilchen und werden zurückgeworfen. Im Vakuum jedoch können die Teilchen ungebremst aus dem Tropfen herausspringen. Wie schnell das Wasser verdunstet ist zu beobachten, wenn Wassertropfen in das Vakuum gebracht werden. Mit abnehmendem Luftdruck beginnen die Wassertropfen zu sprudeln – das in ihnen gelöste Gas kann jetzt entweichen. Dann aber erstarren sie plötzlich zu Eis. Zauberei?

Die Energie, die die Wasserteilchen zum „Herausspringen" brauchen, muß ja irgendwo herkommen. Sie wird dem Wassertropfen entzogen – das Wasser wird kälter. Deshalb ist es ja auch möglich, eine Flasche Bier mit einem lauwarmen, feuchten Lappen in der heißen Wüste zu kühlen. Die verdunstenden Wasserteilchen entziehen der Flasche die Wärme, um mit dieser Energie „wegspringen" zu können. Und auch der Wassertropfen im Vakuum wird beim Verdunsten so stark abgekühlt, daß er gefriert. Auf der heißen Herdplatte geschieht nichts anderes. Im Vakuum können die Wasserteilchen so ungehemmt den Wasserverband verlassen und dabei Energie mitnehmen, daß die Temperatur des Topfes sehr rasch absinkt. Deshalb ist das unglaubliche Kunststück möglich, eine kleine Eiskugel für kurze Zeit auf einer heißen Herdplatte schweben zu lassen. Sie zerplatzt, weil die Temperaturspannungen zu groß sind.

Tricks und Tips:

Die Erfahrung, daß die Wasserteilchen beim Verdunsten Energie mitnehmen, haben Sie schon alle gemacht, wenn Sie aus der Badewanne steigen und plötzlich zu frieren beginnen. Das Wasser verdunstet, und die Energie dafür wird dem warmen Körper entzogen. Beim Kochen funktioniert das genau-

Wassertropfen im Vakuum.

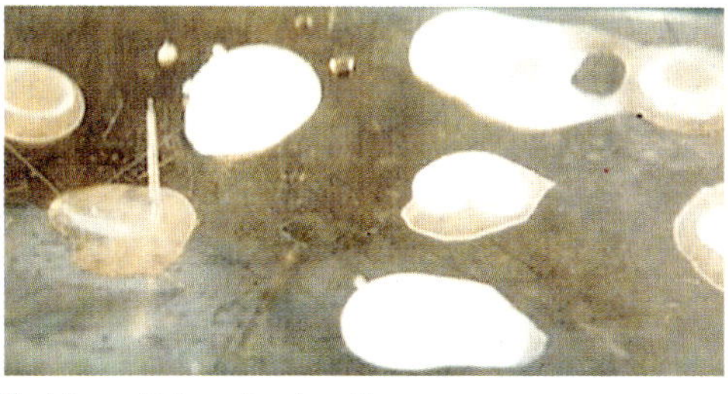

Nach kurzer Zeit werden sie zu Eis.

Ramona kocht Wasser im geschlossenen Glastopf. Das Infrarotbild zeigt eine relativ gleichmäßige Wärmeverteilung im Topf.

Jetzt ist der Glastopf geöffnet. Sofort ist die Abkühlung im Infrarotbild zu erkennen. Grüne Farben zeigen kühlere Bereiche als rote.

so. Will man Wasser zum Kochen bringen, so wird es auf einer Herdplatte erwärmt. Die Energie wandert in das Wasser, die Temperaturbewegung der Teilchen wird immer heftiger, bis – bei etwa 100 °C – Dampfblasen entstehen, d. h. Wasserteilchen haben so viel Energie erhalten, daß sie die Flüssigkeit verlassen können – das Wasser kocht. Die Energie dafür kommt aus der Kochplatte.

Viele kochen mit einem Topf ohne Deckel. Spart man beim Kochen mit einem Deckel auf dem Topf Energie? Beim Erwärmen bewegen sich die Teilchen im Wasser heftiger und springen aus dem Molekülverband. Das kostet Energie, die beim Kochen fehlt, denn die Moleküle nehmen ja die Energie aus der Herdplatte mit.

Beim Kochen mit dem Deckel baut sich ein Druck über der Wasseroberfläche auf. Das Herausspringen der Teilchen wird schwerer, weil sie immer wieder auf andere Wassermoleküle treffen, die sie zurückwerfen. Dadurch wird Energie gespart. Außerdem kondensieren die Wasserteilchen am Deckel und geben dabei die aufgenommene Energie wieder an den Topf ab. Wenn Sie z. B. 1,5 l Wasser am Kochen halten, verbrauchen Sie bei offenem Topf etwa 3mal mehr Energie als beim Kochen mit Deckel.

13

Die unbekannte Seite der Kristalle

Ein Glas mit Wasser in eine Salzlösung gestellt ...

... läßt das Wasser zu Eis gefrieren.

Das Kunststück:

Wenn sich Salz im Wasser löst, so meinen viele, müßte sich das Wasser erwärmen. Im Winter wird ja Salz gestreut, um Schnee und Eis aufzutauen. Aber, wenn sich Salz auflöst, passiert etwas ganz Erstaunliches. Schütten Sie Salz in ein Glas mit Wasser und rühren kräftig um, so ist schon nach kurzer Zeit zu fühlen, wie die Lösung kälter wird. Noch überraschender ist dieses Kunststück: In einen Becher wird etwas Wasser gefüllt und in eine größere Schüssel mit Wasser gestellt. In das den Becher umgebende Wasser legen Sie gekörntes Eis und schütten Salz hinzu. Um das Salz besser zu lösen, rühren Sie das Salz-Wasser-Gemisch um. Nach einiger Zeit können Sie beobachten, daß das Wasser im Becher gefroren ist. Besser gelingt dieses Kunststück mit einem Metallbecher, weil der die Wärme schneller ableitet. Ein Thermometer in der Salzlösung zeigt an, daß das Salz-Wasser-Gemisch – 10 °C kalt ist. Salz produziert beim Auflösen offensichtlich Kälte – warum aber nimmt man es dann zum Streuen im Winter?

Das knoff-hoff:

Das Salz besteht ja aus Teilchen, die stark aneinander gebunden sind und eine wohlgeordnete Einheit bilden. Soll sich das Salz in Wasser lösen, müssen die Teilchen auseinander gerissen werden.

Dazu wird Energie benötigt; denn die Salzmoleküle bewegen sich in der Lösung freier und heftiger als im starren Gitterverband. Wenn sich also beim Lösungsvorgang die Wasserteilchen zwischen die Salzteilchen drängen – nichts anderes geschieht ja beim Lösen – verliert die Salzlösung Energie, sie kühlt sich ab. Das wußten übrigens auch schon unsere Großmütter; denn als es noch keine Kühlschränke gab, haben sie mit der Salzlösung Eis produziert. Dazu wurde – genau wie bei unserem Kunststück – das zukünftige Speiseeis in einen Metallbehälter gegossen und außen eifrig Salz in Lösung gebracht. Nach einiger Zeit war innen die Speiseeislösung gefroren. Um besonders niedrige Temperaturen zu erreichen, kann man auch stufenweise vorgehen. Dabei befindet sich im inneren Gefäß zunächst auch eine Salzlösung, die heruntergekühlt wird. Diese jetzt schon erheblich kalte Lösung wird im zweiten Schritt als äußere Kühlmischung eingesetzt und noch mehr Salz gelöst. Dabei wird wieder Lösungswärme verbraucht, die aus der Umgebung kommt. Ein besonderer Trick ist es, zerkleinertes Roheis mit Salz im Verhältnis 2:1 zu mischen. Dabei werden – 20 °C erreicht!

Im Kochsalz sind Natrium- und Chlorionen symmetrisch angeordnet. Im Wasser werden sie auseinandergerissen – das kostet Energie.

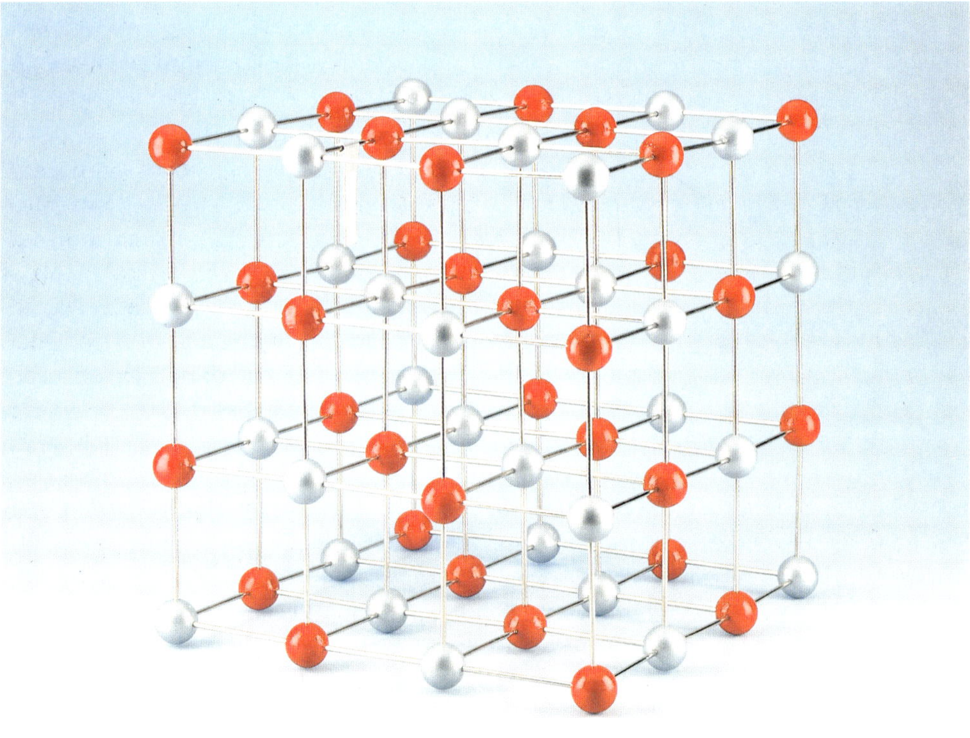

In dieser historischen Eismaschine wird der innere Blechbehälter durch die Salzlösung im Holzeimer gekühlt.

Tricks und Tips:

Heute werden Skiwettrennen so frühzeitig geplant, daß der Veranstalter Pech mit dem Wetter haben kann. Kommt der Frühling zu überraschend, so beginnt der Schnee zu schmelzen und wird matschig. Retten soll alles der „Schneezement". Dahinter steckt nichts anderes als Salz, das den matschigen Schnee schnell wieder zum Gefrieren bringt. Wird das Salz auf den Schnee gestreut, so löst sich ein Teil und entzieht der Umgebung Wärme. Ein zweiter Effekt kommt jetzt dazu. Die Lösung kann nicht gefrieren, weil eine konzentrierte Salzlösung erst weit unter 0 °C zu Eis wird. Je höher die Salzkonzentration, um so niedriger der Gefrierpunkt, der bis zu – 21 °C absinken kann. Ist also trotz Abkühlung kein fester Schnee zu erreichen? Die Besonderheit der Natur hilft aus dieser Zwickmühle. Denn eine dicke tauende Schneedecke stellt viel Schmelzwasser zur Verfügung, das sich in der Salzlake löst. Dabei wird die Salzlösung wiederum kälter, aber gleichzeitig auch verdünnt! Durch die Verdünnung steigt der Gefrierpunkt des Salz-Wasser-Schnee-Gemisches an und ab einem bestimmten Punkt beginnt deshalb der Schnee zu gefrieren. Deshalb hat Salz seinen Ruf als „Schneezement" verdient. Allein auf die richtige Dosierung kommt es an. Warum jedoch benutzt man Salz zum Streuen gegen Glatteis? Beim Streuen löst sich zunächst das Salz in dem kleinen Anteil Wasser, der im Schnee oder auf dem Eis immer vorhanden ist. Dabei wird die Lösung kälter. Die Salzlösung gefriert jedoch nicht bei 0 °C wie reines Wasser, sondern weitaus später. Überall wo Salze gelöst sind, verschiebt sich ja der Gefrierpunkt der Salzlösung nach unten. Durch den Lösungsvorgang sinkt die Temperatur des Gemisches zwar ab – auf etwa – 10 °C. Das ist jedoch noch weit entfernt vom Gefrierpunkt der Salzlösung. Anders als bei der dicken, tauenden Schneedecke steht in der dünnen Glatteisschicht auf den Straßen nicht so viel Schmelzwasser zur Verfügung. Die Lösung kann sich deshalb nicht genügend verdünnen und bleibt bei ihrem niedrigen Gefrierpunkt. Das Salz verhindert hier die Bildung von Eis. Das jeweilige Verhältnis zwischen dem Verbrauch von Lösungswärme und der Salzkonzentration im Wasser läßt also das Kochsalz entweder zum „Schneezement" oder zum Streusalz werden. Klar ist, daß in beiden Fällen die Salze der Umwelt schaden.

14

Sprudelwasser als Eisbombe

Das Kunststück:

Im Gefrierfach des Kühlschranks werden Sprudelwasserflaschen einige Stunden gekühlt. Dabei ist darauf zu achten, daß das Wasser nicht zu Eis wird. So etwas ist möglich, weil man Flüssigkeiten unterkühlen kann, d. h. auf – 7 °C z. B., ohne daß sie sofort in den festen Eiszustand übergehen. Wenn Sie diese unterkühlten Wasserflaschen vorsichtig herausnehmen und dann den Kronenverschluß öffnen, erstarren sie plötzlich zu Eis. Interessant ist, daß sie sich beim Übergang vom flüssigen Zustand in den festen Eiszustand von – 7 °C auf 0 °C erwärmen.

Eine unterkühlte Salzlösung erstarrt. Bei der Kristallisation wird Wärme frei, wie es das obere Infrarotbild zeigt.

Das knoff-hoff:

Verständlich wird diese Erwärmung durch dieses Experiment. In einem Reagenzglas erhitzen Sie ein Salz-Natriumthiosulfat – bis es schmilzt. Dann lassen Sie die Salzschmelze vorsichtig abkühlen und zwar unter den Erstarrungspunkt. Das ist bis zu 20 °C möglich, obwohl die Erstarrungstemperatur dieses Salzes bei etwa 50 °C liegt. Werfen Sie jetzt ein kleines Körnchen von dem Salz in diese unterkühlte Schmelze, so beginnt sie schlagartig auszukristalisieren. Die Temperatur steigt von 20 °C auf 50 °C. Das ist plausibel, denn um das Salz zu schmelzen haben wir Energie hineingesteckt – das Salz mit der Flamme erhitzt. Die Wärmebewegung im Salz verstärkt sich dabei so, daß die Salzteilchen aus dem starren Kristallverband gerissen werden und in den flüssigen Zustand übergehen. Die Energie der Flamme steckt jetzt in der heftigen Bewegung der Moleküle. Beim Abkühlen blieb der flüssige Zustand erhalten. Die Teilchen sind ungeordnet, ziehen sich gegenseitig an, kommen aber – wie durch eine gespannte Feder getrennt – nicht näher zusammen. Diese unterkühlte Schmelze ist energiereicher als das feste Salz. Erst beim Übergang in den geordneten kristallinen Zustand wird diese gespeicherte Energie frei – das Salz erwärmt sich. Auf dem Bild sehen Sie rechts unten das Reagenzglas mit dem Salz, das gerade auskristallisiert. Darüber zeigt das Bild einer Infrarotkamera, wie sich dieser Bereich erwärmt. Ähnliches passiert bei unserer unterkühlten Sprudelflasche. Das Öffnen ist der Auslöser für die Kristallisation, bei der ja Energie frei wird. Das unterkühlte Wasser in der Flasche erwärmt sich auf 0 °C.

Obstbauern benutzen diesen Trick, um im Frühjahr – bei plötzlichem Frosteinbruch – die Blüten ihrer Bäume vor dem Erfrieren zu schützen. Sie spritzen in einer frostkalten Periode einfach Wasser auf die Bäume. Das Wasser gefriert auf den Blüten und Blätter zu Eis und schützt dadurch den Baum vor dem Erfrieren. Wenn das Wasser bei – 7 °C Lufttemperatur zu Eis wird, erwärmt es sich ja auf 0 °C! Diese Temperatur vertragen Pflanzen, weil ihre Zellsäfte als Salzlösung erst bei niedrigeren Temperaturen gefrieren.

Wegen der freiwerdenden Wärme beim Übergang von dem flüssigen in den festen Zustand gefriert in einem strengen Winter übrigens ein nasser Boden nicht so tief wie ein relativ trokkener Boden.

Durch Eis geschützte Blüten in einer Obstplantage.

Tricks und Tips:

Den Transport von Energie, der mit dem Wechsel von einem Zustand in den anderen einhergeht, wird auch in der Technik ausgenutzt. Dazu bringt man eine Salzschmelze in einem Beutel unter. Genauer gesagt ist es eine gesättigte Lösung von Natrium-Azetat-Trihydrat, eine Mischung, die bei 58 °C schmilzt. Erwärmt man diese Lösung über den Schmelzpunkt und kühlt sie vorsichtig ab, so bleibt sie auch bei Zimmertemperatur geleeartig flüssig – ohne auszukristallisieren. Mit einem Zusatz aus Polysaccharid ist es sogar möglich, diese „unterkühlte" Lösung zu stabilisieren – also zunächst den Übergang in den festen Zustand zu verhindern. Ein gewölbtes Metallblech in dem Salzbrei wird mit den Fingern flach gedrückt – und dieses „Klick" reicht aus, um die Kristallisation zu starten. Die Salzsülze geht in den festen Zustand über – dabei wird Wär-

Im Infrarotbild oben rechts ist zu sehen, wie sich das Wärmekissen beim Kristallisieren erwärmt.

Kaltes Wasser auf Zeolith gegossen, erhitzt sich sofort.

me frei. Die ungeordneten Moleküle, die sich in der flüssigen Phase relativ frei bewegen können, werden jetzt fest in einem Kristallgitter eingebunden. Sie verlieren dabei einen Teil ihrer Bewegungsenergie. Die hart werdende Salzsülze erwärmt sich dabei auf 58 °C und hält diese Wärme für einige Stunden. Der Beutel kann durch Erwärmen im heißen Wasser erneut verwendet werden. Durch die Hitze schmilzt das Salzgemisch. Es nimmt Energie auf, die später wieder – mit dem „Klick" des Metallbleches und der darauffolgenden Kristallisation – frei wird. So ist der Wunderbeutel beliebig oft zu benutzen, im Winter z. B. zum Wärmen der Manteltaschen. Auf unserem Bild ist im Infrarotbild die Erwärmung in der festen Phase deutlich zu sehen.

Wärme kann man auf noch überraschendere Weise erzeugen. In der Natur kommen Zeolithe vor, die chemisch gesehen Metall-Aluminium-Silikate mit sehr vielen Hohlräumen sind. Diese Zeolithe saugen Wasser begierig an und binden die Wassermoleküle in ihre Kristallstruktur als Kristallwasser ein. Die relativ freien Wassermoleküle werden so in eine starre Ordnung gezwungen und geben dabei selbstverständlich Energie ab. Gießt man etwas Wasser über die Siedsteinchen, so beginnen sie sich sofort zu erwärmen – bis zu 250 °C kann so ein Steinhäufchen heiß werden.

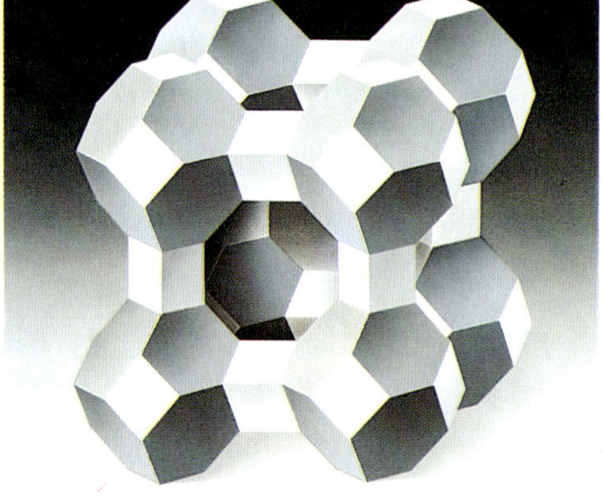

Mikroskopdarstellung eines Zeolith.

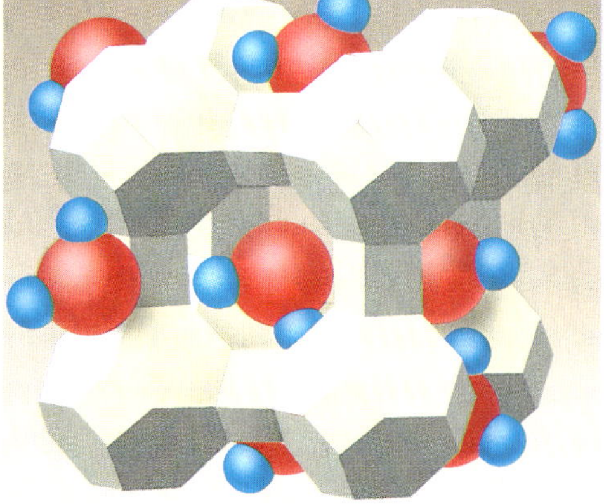

In die Hohlräume können sich Wassermoleküle einlagern.

Der Zeolith (links) erhitzt sich, das Wasser wird zu Eis.

Ein Kilogramm Zeolith nimmt etwa 300 Gramm Wasser auf. Wichtig ist, daß mit Hitze dieses eingelagerte Kristallwasser wieder ausgetrieben werden kann. Die Siedesteinchen sind also immer wieder zu benutzen. Sie sind so gierig auf Wasser, daß sie auch die Wassermoleküle aus der Luft aufsaugen. In dem U-förmigen Rohr befindet sich auf der einen Seite Zeolith und auf der anderen Wasser. Aus dem Rohr wurde etwas Luft abgesaugt und die beiden Bereiche sind mit einem Hahn getrennt. Öffnet man den Hahn, so saugt die Zeolithfüllung die Wassermoleküle auf, bindet sie als Kristallwasser und erwärmt sich durch die frei werdende Energie. Aus dem Wasser auf der rechten Seite gehen immer mehr Moleküle in die dampfförmige

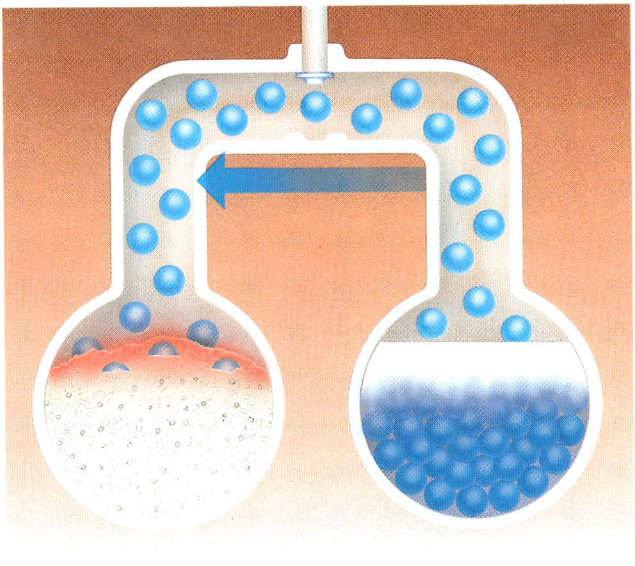

Wird der Hahn aufgedreht, so saugen die Siedesteinchen den Wasserdampf gierig auf. Sie erwärmen sich durch die abgegebene Kondensationsenergie und durch die Anlagerung von „Kristallwasser". Das Wasser rechts kühlt sich ab; denn daraus ziehen die Wasserteilchen ihre Energie.

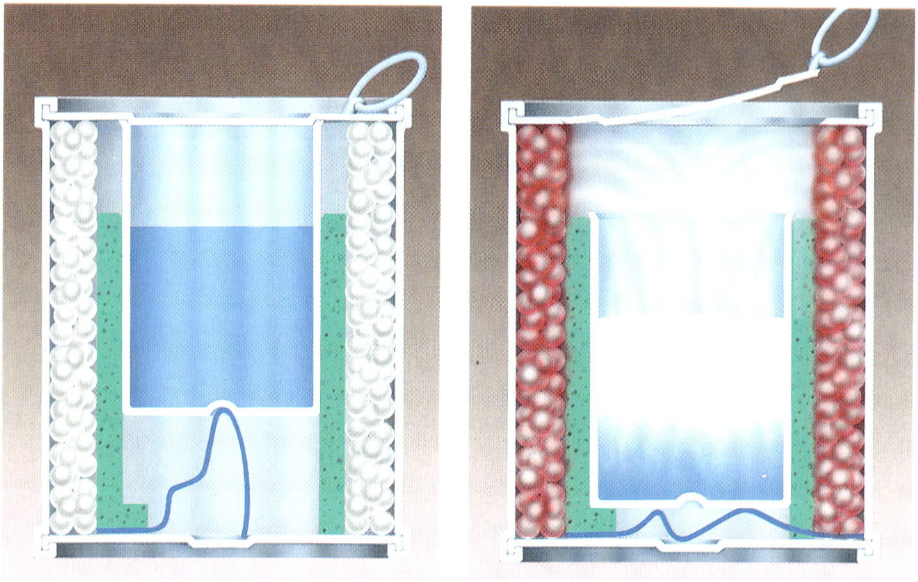

Außen befindet sich eine Zeolithschicht, die vom Wasser noch getrennt ist.

Beim Öffnen kann der Wasserdampf zum Zeolith gelangen. Der Becher kühlt ab – die Zeolithschicht wird heiß.

Zeolith wird als Trocknungsmaterial in Doppelfenster eingesetzt. Hier „saugen" die Siedesteinchen das Schwitzwasser auf.

Phase über. Sie „springen" aus dem Molekülverband und entziehen dem Wasser die dazu notwendige Energie, das dadurch abkühlt und zu Eis wird. Mit diesem Trick kann man etwas sekundenschnell erwärmen oder abkühlen.

In der Grafik ist eine Dose dargestellt, die zunächst durch den Deckel vom Zeolith getrennt ist. Durch Eindrücken des Deckels können Wasserteilchen zum Zeolith gelangen – der Doseninhalt kühlt sich ab. Getränkekühlung ist so denkbar – oder wenn die Hitze der Zeolithfüllung ausgenutzt werden soll – die elegante Erwärmung von Speisen in der Dose. Es wurde versucht, die Zeolithe zur Wassergewinnung in Wüstengebieten einzusetzen – weil sie jedes Wassermolekül sofort binden. Allzugut funktionierte das jedoch nicht.

15

Mit dem Kopf durch die Wand

Das Kunststück

kann man nur in einem Fernsehstudio mit elektronischen Kameras machen. Auf einem Motorrad fährt man auf eine Tür zu – und es ist möglich, diese Tür unbeschadet zu durchbrechen!

Das knoff-hoff:

Was vom Motorradfahrer durchbrochen wird, ist eine dünne, blaue Papierwand. Eine Kamera nimmt dieses Bild auf. Über eine zweite Kamera wird das Bild einer Tür dazugemischt, so daß diese Motorradfahrt in die Tür wirklich realistisch aussieht. Die Farbe der Papierwand ist einheitlich blau und überall da, wo Blau im ersten Bild vorhanden ist, erscheint das Bild der Tür. Man kann so zwei Bilder elegant elektronisch miteinander verkoppeln. Auch in der Fotografie kennt man diese Doppelbelichtung. Ein Foto wird mit einer Maske gemacht, die das Umfeld des Hauptdarstellers abdeckt. An diesen Stellen wird der Film zunächst nicht belichtet, d. h. dieser Filmteil ist noch lichtempfindlich. Das Foto wird zum zweitenmal belichtet und dabei der schon belichtete Teil – die Figur z. B. – mit einer Maske abgedeckt. In diesem Gebiet vermeidet man dadurch Doppelbelichtungen. Nach dem Entwickeln ist eine Kombination der beiden Bilder zu sehen. Der Hauptdarsteller erscheint dadurch z. B. in einer besonders wilden Umgebung.
Bei einer elektronischen Fernsehkamera tastet ja ein Elektronenstrahl das Bild ab, und je nach der Licht- und Farbverteilung wird er in seiner Stärke verändert. Mit einer elektronischen Schaltung kann man nun erreichen, daß dort, wo das Bild z. B. blau ist, das Bild der zweiten Kamera eingepaßt wird. Der Darsteller muß sich dazu nur vor einen blauen Hintergrund stellen. Ist ungewollt eine Stelle in dem ersten

Überall wo das Bild blau ist, kann mit einer 2. Kamera ein anderes Bild dazu gemischt werden. Auf der blau gestrichenen Litfaßsäule erscheint Ramona – von einer 2. Kamera aufgenommen.

Bild blau – trägt der Darsteller z. B. ein blaues Hemd – so wird selbstverständlich auch dieses Gebiet ausgetastet, und es gibt dann ganz ungewöhnliche Bildzusammensetzungen. Das blaue Tuch läßt plötzlich wieder den Hintergrund erscheinen. Malt man eine Litfaßsäule blau, so ist in diesem Bereich das Bild der 2. Kamera zu sehen. Vor einigen Jahren wurde diese blue-box-Technik bejubelt, weil man glaubte, alle Bühnendekorationen damit ersetzen zu können. Für das zweite Bild, das als Hintergrund dazugemischt wird, reicht ja ein kleines Modell aus. Aber die Euphorie für diese Tricktechnik hat sich heute etwas gelegt. Dieser Effekt wird nur noch in wenigen Fällen angewandt, dann z. B., wenn eine Person über den Wolken „schweben" soll. Die Person hängt an einem blauen Faden vor blauem Hintergrund – dazugeblendet wird die Aufnahme aus einem Flugzeug, das über den Wolken fliegt.

Tricks und Tips:

Solche Effekte kann man sich in Fernsehstudios mit Besucherservice anschauen, z. B. in den Universal-Studios in Los Angeles, oder im Bavaria-Filmstudio München. Heute sind durch den Einsatz von Computern und elektronischen Chips noch ganz andere Tricks möglich. Z. B. kann man die Moderatoren „zu einer Flasche rollen". Dazu wird das elektronische Bild in einem Computer zwischengespeichert. Mit einem Rechenprogramm kann man Bild für Bild so verzerren, daß in der Abfolge der Bilder der gewünschte Eindruck der „Moderatorenflasche" entsteht. Seit jüngster Zeit sind die Computer auf diesem Gebiet so schnell geworden, daß man die ankommenden Bilder fast sofort in „Realtime" verändern kann und über den Sender schickt. Deshalb sind die „fliegenden" oder in anderer Weise phantastisch veränderten bewegten Bilder möglich.

Moderatoren zur „Flasche" zusammengerollt.

16

Verwinkeltes trägt mehr

Das Kunststück:

Ein Blatt Papier wird über ein Glas gelegt. Stellen Sie jetzt ein kleines Gewicht darauf, so fällt es – wie erwartet – mit dem Papier in das Glas hinein. Falten sie jedoch das Papier im Zick-Zack und stellen jetzt das Gewicht darauf, trägt diese Konstruktion die Last.

Das knoff-hoff:

Brückenbauer benutzen dieses Wissen, um die Stabilität einer verwinkelten Konstruktion zu verbessern. Die Kraft, die auf der Brücke lastet, wird durch die Winkelstreben in viele kleine Komponenten zerlegt. Jede Strebe kann die Einzelkraft aufnehmen, ohne

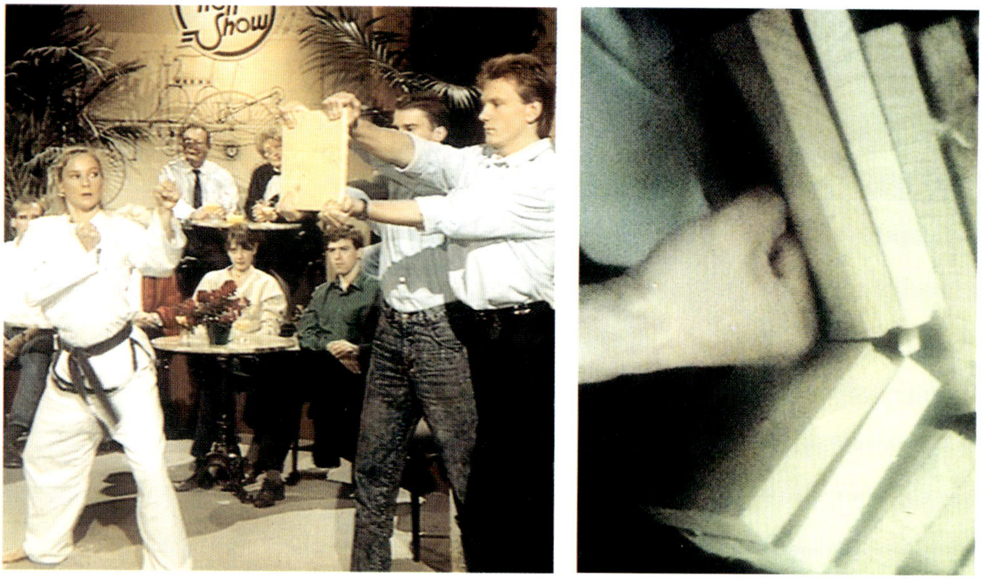

Das Kunststück, 3 Bretter mit einem Schlag zu zertrümmern, gelingt durch die Zick-Zack-Konstruktion aus Pappe nicht mehr.

zu zerbrechen. Dieses Prinzip der intelligenten Kräfteverteilung wird bei vielen technischen Entwicklungen benutzt.

Tricks und Tips:

Wie belastbar die Zick-Zack-Konstruktion ist, zeigt dieser Trick: Eine Taekwon-Do-Kämpferin zerschlägt ohne Anstrengung drei Holzbretter. Nehmen wir zwei dünne Bretter und kleben eine „Ziehharmonika“ aus Pappe dazwischen, so gelingt das nicht mehr. Verbundwerkstoffe erhalten durch diesen Trick ihre Festigkeit.

17

Die nickende Ente

Das Kunststück:

Jeder hat schon einmal die nickende Ente oder den „trinkenden Storch“ gesehen. Wenn ihr Kopf kurz in ein mit Wasser gefülltes Glas getaucht wird, beginnt sie sich immer wieder nach vorne zu neigen und scheinbar von der Flüssigkeit zu „trinken“. Ist der Schnabel einmal naß, nickt sie auch dann weiter, wenn vor ihr kein Glas mehr steht. Enthält das Glas Alkohol anstelle des Wassers, so beginnt sie sogar heftiger zu trinken oder zu nicken. Der Glasvogel – ein Alkoholiker?

Das knoff-hoff:

In der Ente befindet sich eine schon bei sehr niedrigen Temperaturen siedende Flüssigkeit. Dieselbe Flüssigkeit findet sich auch in dem sogenannten „Liebesthermometer“. Umschließt man mit der Hand einen solchen „Temperamentmesser“, so sprudelt die Flüssigkeit mehr oder weniger heftig nach oben. Das hat weniger mit unserem Innenleben zu tun, als vielmehr mit warmen oder kalten Händen. Denn, wie bei jeder Flüssigkeit befindet sich ein Teil der Moleküle als unsichtbarer Dampf über dem Flüssigkeitsspiegel. Wird die Flüssigkeit wärmer, so steigt dieser Dampfdruck über der Flüssigkeit. Umschließt man nun mit der warmen Hand das Glas, so läßt die Wärme den Dampfdruck über der Flüssigkeit steigen. Die Moleküle bewegen sich heftiger hin und her, prallen dabei auch auf die Flüssigkeit und

drücken dadurch stärker auf ihre Oberfläche, als vorher bei niedriger Temperatur.

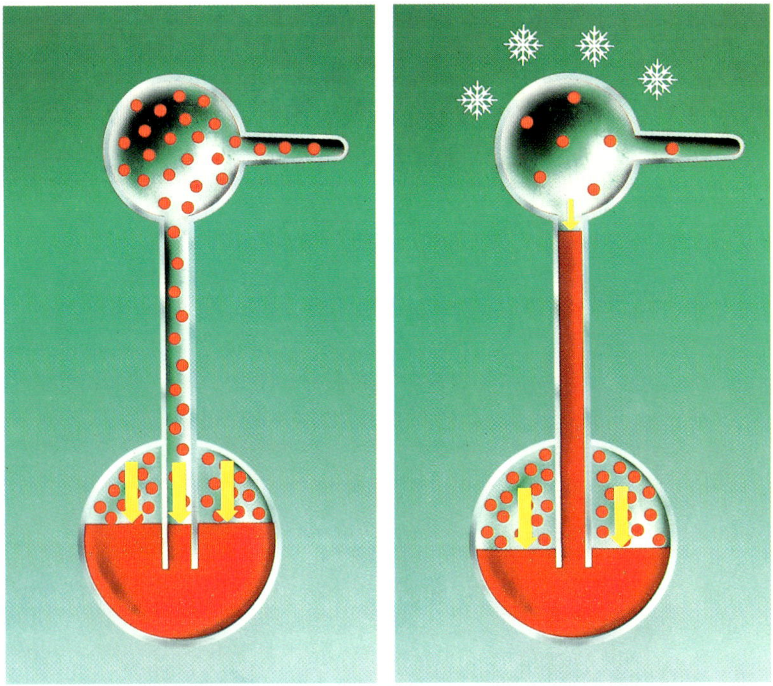

Ohne Kühlung von oben ist der Druck auf die Flüssigkeit in der Röhre und in der unteren Kugel gleich. Mit Kühlung sinkt der Druck in der Röhre – die Flüssigkeit steigt nach oben.

Im oberen Glasraum ist der Druck niedriger – die Flüssigkeit wird nach oben gepreßt. Überprüfen können Sie diese Theorie, indem Sie nur den Glasbereich über der Flüssigkeit – dort wo sie gasförmig ist – mit dem Finger berühren. Auch dann steigt sie nach oben. Sie ist wieder nach unten zu „drücken", wenn Sie die obere Glaskugel umfassen.

Die Ente jedoch nickt ohne Berührung der Hand. Der Trick liegt darin, daß die notwendigen Druckunterschiede mit Hilfe des nassen Entenkopfes erreicht werden. Ist der Kopfbereich – der mit einem Filzstoff überzogen ist – trokken, so schweben über der Flüssigkeit eine bestimmte Anzahl von Teilchen, prallen immer wieder auf die Oberfläche der Flüssigkeit und üben so einen bestimmten „Dampfdruck" aus. Hat sich der Kopf mit Wasser vollgesaugt, so verdunstet es langsam. Die Wasserteilchen „springen" in die umgebende Luft – die Energie dazu entziehen sie dem Glas – der obere Teil der Ente kühlt ab. Damit sinkt der Dampfdruck im Inneren dieses Bereiches – die Teilchen prallen hier nicht mehr so energisch auf den Flüssigkeitsspiegel wie im unteren Teil, wo es ja wärmer ist. Die Flüssigkeit steigt deshalb nach oben. Die Ente ist so befestigt, daß sie bei einem bestimmten Flüssigkeitsstand das Übergewicht bekommt und nach vorne kippt. Zwei Effekte sind damit verbunden: Einmal taucht sie in das Wasserglas ein und kann dadurch den Kopf wieder befeuchten und zum anderen hebt sich das Röhrchenende aus der unteren Flüssigkeit heraus, so daß der Inhalt der Röhre wieder zurückläuft – die Ente richtet sich wieder auf. Alles beginnt dann wieder von vorne.

Tricks und Tips:

Einmal befeuchtet, nickt die Ente auch ohne Wasserglas. Die Bewegung hört allerdings dann auf, wenn der Filzstoff

Kaltes Wasser über die erhitzte Flasche gegossen, läßt das Wasser im Inneren aufsprudeln.

im Kopfbereich getrocknet ist und durch die fehlende Verdunstungskälte kein Druckunterschied mehr vorhanden ist. Warum es mit Alkohol im Glas schneller geht, ist auch verständlich: Alkohol verdunstet schneller als Wasser und kühlt deshalb den Kopfbereich besser ab – der Druckunterschied wird größer – der Vogel lebhafter. Und noch einige Überraschungen kann man mit der Veränderung der Druckverhältnisse erleben, z. B. Wasser allein mit Wasser zum Kochen bringen. Dazu erwärmen Sie das Wasser zunächst in einer gutverschlossenen hitzebeständigen Flasche auf etwa 90 °C. Gießt man jetzt kaltes Wasser über das Wassergefäß, so sprudelt das Wasser auf. Wie bei unserer Ente erniedrigt sich durch die Abkühlung der Dampfdruck über dem Wasser. Dieser Druck hatte vorher Dampfblasen im Wasser am Aufsteigen gehindert – jetzt können sie – weniger behindert durch den herrschenden Druck – emporschießen. Das Wasser scheint zu kochen. Ein Ei kann man mit dieser Methode jedoch nicht kochen – die Temperatur dafür ist zu niedrig.

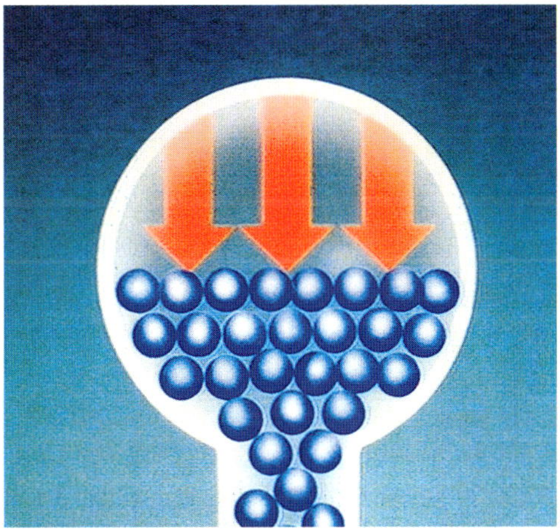

Nach dem Erhitzen hält der Dampfdruck die Blasen zurück.

Beim Abkühlen sinkt dieser Druck – das Wasser sprudelt auf.

18

Das Geheimnis der Teeblätter

Das Kunststück:

Tee bereiten heute viele Leute in Beutel zu – das erschwert das Kunststück. Aber – wenn Sie Glück haben – finden Sie noch Teetrinker, die es sich nicht nehmen lassen, den Tee nach der alten Methode aufzubrühen. Das hat einige Vorteile: das Drumherum ist viel aufregender und manchen Leuten schmeckt der Tee auch besser. Und wenn sich trotz aller Vorsichtsmaßnahmen auch einige Teeblätter in Ihre Tasse verirren, können Sie ein wenig experimentieren. Rühren Sie den Tee um, so kreisen die Teeblätter eifrig mit der Flüssigkeit. Jeder würde sofort vermuten, daß die Fliehkraft die Teeblätter nach außen treibt, und sich die Teeblätter nach dem Rühren am Rande des Glases sammeln. Jedoch das Spiel geht anders aus. Die Teeblätter sammeln sich – nachdem Sie mit dem Rühren aufgehört haben, und der Tee sich langsam in seinen kreisenden Bewegungen beruhigt – in der Mitte! Ein erstaunliches Ergebnis, das so manchen bedächtigen Teetrinker seine Tasse wieder auffüllen läßt, um das Geheimnis zu lösen.

Das knoff-hoff:

Bei der Drehung der Flüssigkeit im Glas unterliegt jedes Teilchen einer Beschleunigung nach außen. Wenn der Löffel aus dem Tee gezogen wird, beginnt sich die Geschwindigkeit der Flüssigkeitsteilchen zu verringern, weil sie sich dort an den Glaswänden reiben. Damit wird auch der Drang nach außen an diesen Stellen kleiner. An der Oberfläche reibt sich die Flüssigkeit nur mit der Luft. Und diese Reibung ist weitaus schwächer als am Glasboden oder an den Wänden. Bei rotierender Flüssigkeit hat das einen hohen Druck nach außen im oberen Bereich zur Folge und einen kleineren in Bodennähe. Ein Teeblatt auf der Oberfläche wird deshalb schnell nach außen getragen und nach unten gedrückt. Der Druck am Glasboden ist ja geringer. Der Tee beginnt im Glas

auch senkrecht zum Boden zu kreisen. Die Teeblätter werden mitgenommen und weil sie schwerer als Wasser sind, können sie – einmal unten im Zentrum angekommen – nicht mehr aufsteigen – sie sammeln sich in der Mitte.

Tricks und Tips:

Dieses einfache Experiment hat Pate bei einer „high-tech"-Entwicklung gestanden – der Gaszentrifuge. Zwei unterschiedlich schwere Uranatome gibt es in der Natur, jedoch nur eine Sorte (Uran 235) ist für die Kernspaltung zu gebrauchen. Seit einigen Jahren übernehmen schnell rotierende Metallzylinder die Trennung der verschieden schweren Uranatome. Sie sind an Fluor gekoppelt und kommen als Gas in die Zentrifuge. Ähnlich wie im Teeglas wird eine kreisförmige Strömung in der Gaszentrifuge erzeugt. Weil sich hier jedoch die Metallzylinderwände drehen und nicht etwa ein Teelöffel das Gasgemisch in Rotation versetzt, hat diesmal die Kreisströmung die entgegengesetzte Richtung. Auch erfolgt die Trennung der schweren und leichten Uranatome mit Unterstützung von Temperaturdifferenzen in der Zentrifuge. Mit diesen Kniffen ist die Trennung des Materials nach der verschiedenen Masse möglich. Die leichteren Uran 235 Atome sammeln sich bevorzugt an einer Stelle der Gaszentrifuge, die schwereren Uran 238 Atome an einer anderen. Die Kreisläufe in der heutigen Gaszentrifuge sind zwar verwikkelter als im Teeglas, aber die Erfinder sind durch die Teeblätter auf die Idee der Trennung von Teilchen verschiedener Masse gekommen und haben auch die ersten Berechnungen mit Strömungen im Teeglas durchgeführt.

Hintereinandergeschaltete Gaszentrifugen ermöglichen die Trennung von Uran 235 und Uran 238 nach dem „Teeglasprinzip".

19

Die Geschichte mit den breiten Reifen

Das Kunststück:

Breite Reifen am Auto sehen „stark" aus – für die rennbegeisterten Fans. Ihr Ziel ist es, auch den Privatwagen mit breiteren Reifen auszustatten. Nicht nur, um dem Rennfahrerideal näher zu sein – nein – mehr Sicherheit sollen die breiten Reifen bringen. Der Wagen haftet angeblich mit breiten Reifen besser als mit schmalen, weil ja mehr Fläche den Boden berührt, die dann mit der damit vergrößerten Reibung den Wagen nicht wegrutschen läßt. Auf der Straße ist die Wahrheit dieser Behauptung schwer nachzuprüfen. Zum einen verursacht das Experiment unnötige Gefahren – zum anderen sind die Ergebnisse sehr stark von Straßenoberfläche, Gewicht des Autos und anderen Einflüssen abhängig. Zur Klärung der Frage ist dieses Kunststück hilfreich: Zwei gleiche Holzklötze werden mit der gleichen Kraft über einen Tisch gezogen. Dazu sind Gewichte mit einer Schnur an den Klötzen befestigt und sinken über die Rollen nach unten. Der eine Holzklotz liegt auf der breiten Seite, der andere auf der schmalen. Das Erstaunliche am Ausgang dieses Rennens ist, daß beide Holzklötze gleich schnell sind. Wohlgemerkt, beide Holzklötze haben dasselbe Gewicht, dieselbe Oberflächenbeschaffenheit usw. Ungläubige können im zweiten Versuch die Holzklötze umdrehen, so daß der vorher auf der schmalen Seite gerutschte Holzklotz jetzt auf der breiten – gleitet.

Das knoff-hoff:

Dieses Spiel zeigt, daß die breiten Reifen dieselbe Reibung auf der Straßenoberfläche haben wie die schmalen. Es ist also falsch, bei den breiten Reifen eine bessere Haftung des Autos auf der Straßenoberfläche zu vermuten; denn die Haftreibung ist von der Größe der Berührungsfläche unabhängig. Sie wird nur von dem Gewicht und der Beschaffenheit der Reibungsfläche bestimmt. Erhöht man das Gewicht, so vergrößert sich auch die Reibungskraft. Das ist mit den Klötzen nachzuprüfen. Legt man ein Gewicht auf den einen Klotz und läßt beide Holzklötze auf der gleichen Seite gleiten, so bleibt der mit dem Gewicht beschwerte Klotz zurück, die Reibung ist für ihn größer geworden. Rennautos fahren mit breiten Reifen, weil sie dadurch eine bessere Seitenstabilität bekommen – aus rein mechanischen Gründen also. Breite Reifen haben niedrigere Seitenwände, so daß sie sehr schnell auf Lenkbewegungen reagieren. Je breiter der Reifen, desto geringer die Verformung durch seitlich auftretende Kräfte – bei Kurvenfahrten etwa. Im Extremfall sind die Zusammenhänge jedoch nicht so einfach; denn ganz genau simuliert der Versuch mit den Holzklötzen die Wirklichkeit nicht. Messungen haben gezeigt, daß sich durch die unterschiedliche Rauhigkeit des Straßenbelages der Druck auf die Reifenfläche punktweise erhöhen kann. In Extremsituationen kommt es dabei zu lokalen Temperaturerhöhungen, die ab einem bestimmten Wert die Reifenoberfläche und damit den Reibungskoeffizienten verändern. In unserem Experiment war dieser Faktor ja konstant. Bei schmalen Reifen kann diese Veränderung leichter auftreten als bei breiten; denn der Anpreßdruck ist bei breiteren Reifen geringer, weil sie die Kräfte besser verteilen. In diesem Extremfall ist dann die Haftreibung bei den breiten Reifen durch die veränderten Oberflächenbedingungen tatsächlich höher als bei schmalen Reifen. Ein privater Autofahrer kommt jedoch nicht in diese Extremsituation.

Die Haftreibung ist nicht die einzige Reibung, die beim Autofahren auftritt. Wenn Sie Ihr Auto plötzlich stark abbremsen und dabei die Räder blockieren, so scheinen Sie sogar schneller zu werden. Rollt das Rad nicht mehr, so kommt ein anderer Reibungsfaktor ins Spiel, der weitaus geringer als der

Beide Klötze sind gleich schwer und deshalb hier gleich schnell. Die Haftreibung ist unabhängig von der Größe der Auflagefläche.

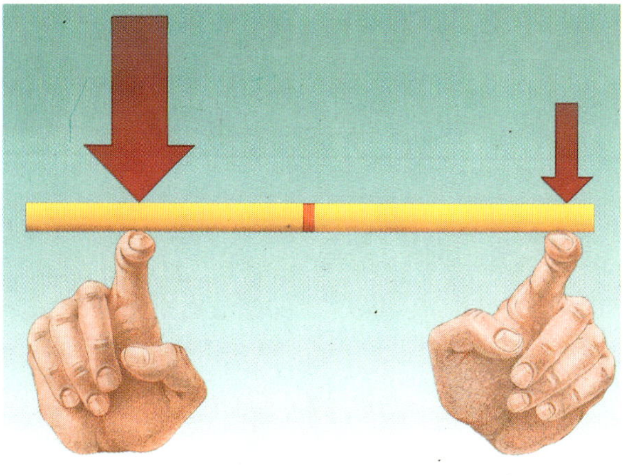

Links ist bei dieser Belastung die Haftreibung am größten.

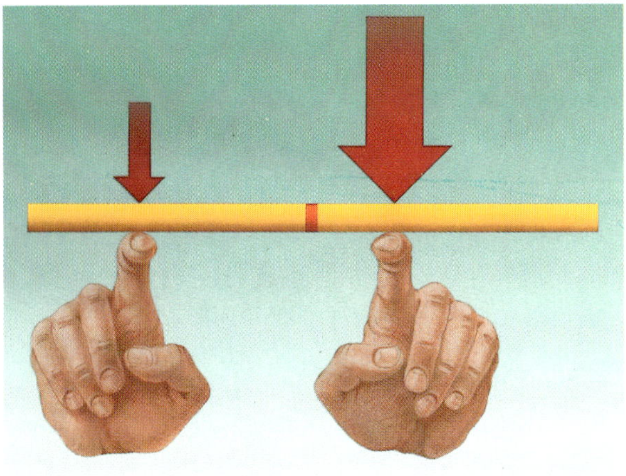

Jetzt hakt der Finger – rechts.

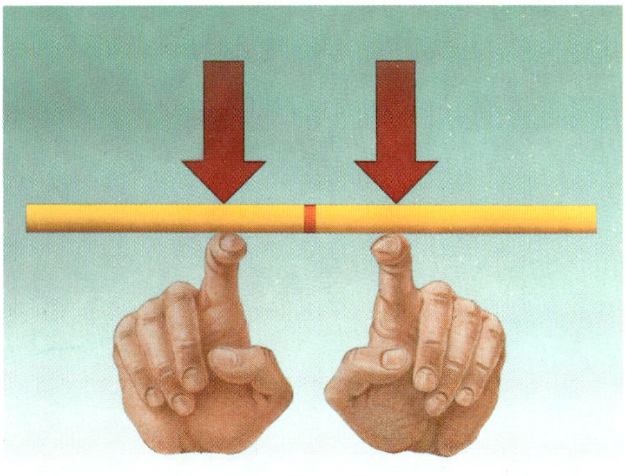

In der Mitte ist das Gewicht gleichmäßig verteilt.

beim rollenden Rad sein kann. Diese „Gleitreibung“ entsteht durch Abschmelzen des Reifen- und Straßenbelages bei hohen Temperaturen. Um diesen dünnen „Gleitfilm“ zu vermeiden, versucht man in Notsituationen mit den Bremsen zu „pumpen“. Die Bremse wird dabei immer wieder entlastet, um das gefährliche Blockieren der Räder zu verhindern. Heute übernehmen das automatisch elektronische Sensoren im Antiblockiersystem (ABS).

Tricks und Tips:

Dieses unterschiedliche Verhalten von Haft- und Gleitreibung ist gut mit diesem Kunststück zu demonstrieren. Ein Holzstab wird an seiner Mitte markiert und auf die beiden Zeigefinger gelegt. Bewegt man die Hände nach innen, so ist das erstaunliche Ergebnis, daß sich die Zeigefinger in der Mitte treffen. Selbst wenn wir dieses Kunststück vollkommen unsymetrisch beginnen, treffen sich die Finger in der Mitte. Wie Zauberei mutet es an, wenn zunächst der eine Finger gleitet – dann plötzlich am Stab zu kleben scheint, während sich der andere Finger zu bewegen beginnt. Dieses abwechselnde Gleiten wiederholt sich, bis die Finger exakt in der Mitte des Stabes angekommen sind. Wenn das Gewicht des Stabes ungleichmäßig verteilt auf den Fingern lastet, trägt der eine Finger mehr vom Stab als der andere. Die Reibung ist ja – wie wir gesehen haben – vom

Gewicht abhängig. Deshalb scheint in diesem Augenblick dieser Finger am Stab zu kleben. Der andere Finger beginnt zu gleiten, weil ja zur Zeit – wegen des kleineren Gewichts – seine Reibung geringer ist. Schießt er über den Punkt, an dem beide Finger gleich belastet sind, hinaus, so trägt er plötzlich das größere Gewicht, und der andere Finger beginnt wieder zu gleiten. Das geht so lange, bis sich die Finger in der Mitte treffen. Übrigens – auch der Bogen einer Geige bringt auf ähnliche Weise die Saite zum Schwingen. Zunächst lenkt er die Saite aus – das funktioniert wegen der Haftreibung. Ist die Auslenkung zu groß, so reicht die Haftreibung zum Mitnehmen der Saite nicht mehr aus – sie gleitet zurück in die Ausgangsposition. Sie beginnt zu schwingen und regt dadurch Schallwellen in der Luft an. Die Gleitreibung ist zwar geringer als die Haftreibung, bremst aber dennoch die Saite nach einiger Zeit ab. Der Bogen kann die Saite wieder mitnehmen, der Vorgang wiederholt sich.

20

Seltsames vom Licht

Das Kunststück:

Mit Laserlicht lassen sich erstaunliche Dinge zeigen. Zum Beispiel wie ein Luftballon, der sich in einem anderen befindet, zerplatzt. Wenn ein grüner Laser zur Verfügung steht, stecken wir einen roten Luftballon in einen durchsichtigen Luftballon. Der Laser muß eine Leistungsdichte von etwa 1 Watt pro 1 mm^2 haben. Halten wir das Gebilde aus Luftballons in den grünen Laserstrahl, so platzt der rote Luftballon, der durchsichtige Ballon bleibt unverletzt. Bringen wir einen grünen Luftballon in den grünen Laserstrahl, so passiert nichts. Der grüne Luftballon leuchtet höchstens schön grün auf.

Der rote Luftballon ...

... wird von einem grünen Laser zerstört.

Das knoff-hoff:

Wenn wir weißes Licht betrachten, so besteht es prinzipiell aus den Farben Rot, Grün und Blau. Alle drei Farben zusammen ergeben in unserem Auge-Gehirn-System den Farbeindruck Weiß. Sehen wir einen Gegenstand rot, so werden von ihm Blau und Grün verschluckt, und nur die Farbe Rot reflektiert. Licht besteht ja aus elektromagnetischen Wellen. Ein bestimmter Wellenlängenbereich aus diesem Spektrum wird von uns als bestimmte Farbe wahrgenommen. Grünes Laserlicht entspricht z. B. einer ganz scharf begrenzten Wellenlänge, die in unserem Auge einen bestimmten Grünfarbton hervorruft. Der durchsichtige Luftballon läßt dieses Licht passieren, deshalb ist er ja durchsichtig. Der sich im Inneren befindende grüne Luftballon reflektiert das grüne Licht – deshalb erscheint er uns ja grün. Er leuchtet jetzt sogar auf, weil viel mehr grünes Licht zum Reflektieren zur Verfü-

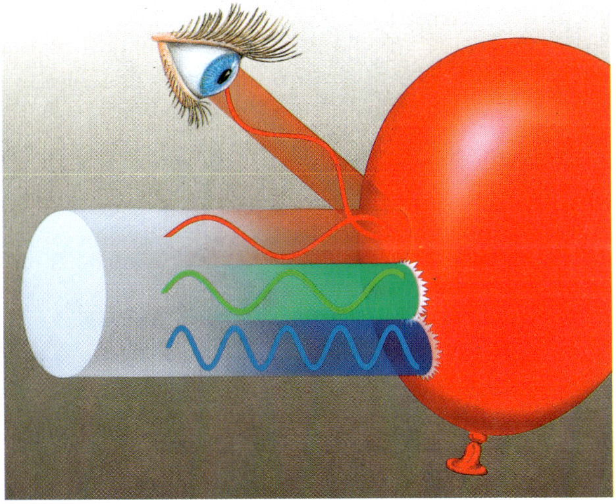

Etwas ist deshalb rot, weil es aus dem weißen Licht die Grün- und Blauanteile absorbiert und der Rotanteil reflektiert wird.

gung steht, als im weißen Licht vorhanden ist. Ein roter Luftballon jedoch verschluckt das grüne Licht – deshalb ist er ja rot. Die Energie wird in Wärme umgewandelt – in den roten Luftballon bohrt der grüne Laserstrahl blitzschnell ein Loch – der Luftballon zerplatzt. Arbeiten Sie mit einem roten Laser, so müssen Sie selbstverständlich die Farben der Luftballons umkehren, um dieses Kunststück vorführen zu können.

Tricks und Tips:

Solche Kunststücke, bei denen Strahlen selektiv absorbiert und durchgelassen werden, kann man auch mit anderen Wellenlängen des Lichtes machen. Neben den für uns sichtbaren elektromagnetischen Wellen werden ja von der Sonne z. B. auch ultraviolette oder infrarote Wellen abgestrahlt. Sie werden vom Auge nicht registriert (K 38, Buch 1), zeigen jedoch ihre Wirkung, wenn sie die Haut bräunen (UV) oder auf unserer Haut ein Wärmegefühl hervorrufen (IR). An kalten, aber dennoch sonnigen Tagen versuchen manche Leute – windgeschützt hinter Fenster- und Autoscheiben – braun zu werden. Leider ist dieses Bemühen vergebens, weil normales Glas keine UV-Strahlung durchläßt. „Durchsichtig" ist es nur für einen schmalen Wellenlängenbereich, den unsere Augen registrieren können. Aber auch hier

gibt es eine Überraschung. Diese Sonnenstrahlen werden im Inneren des Autos absorbiert. Die Gegenstände im Inneren erwärmen sich und strahlen jetzt Wärmewellen (IR) ab. Diese Wellen werden vom Glas wiederum nicht durchgelassen, so daß sich das Innere des Autos stark aufheizt. Treibhäuser z. B. nutzen diesen Effekt aus. Selbst an kühlen Tagen kann es im Inneren eines Hauses sehr heiß sein. Auch in der Architektur wird dieser energiesparende Trick immer häufiger angewendet.

Das Sonnenlicht wird vom Boden absorbiert. Das Treibhausglas reflektiert die abgegebene Wärmestrahlung.

Einen Erfinder hat dieses Aufwärmen ohne braun zu werden mächtig geärgert. Er hat Skianzüge aus einer Plastikfolie entworfen, die durchsichtig ist und auch die bräunenden UV-Strahlen durchläßt. Die Wärmestrahlung wird an der Innenseite der Folie – wie im Treibhaus – reflektiert, so daß es im Innern warm ist. Die Idee: Skifahren im Bikini – geschützt durch diese Folie – Braunwerden inbegriffen. Allerdings knistert die Folie sehr stark. Bis zu – 30 °C soll der Anzug verwendbar sein – innen ist es dann 22 °C warm. Auch Gase können die Wärmestrahlung reflektieren. Obstbauern versuchen, ihre Ernte vor Nachtfrösten zu schützen, indem sie stark qualmende Feuer zwischen den Bäumen legen. Der Qualm verhindert die Abstrahlung der Wärmestrahlen in den kalten Herbsthimmel. Diesen Effekt kennen wir auch im größeren Maßstab. Bleibt der Himmel über Nacht bedeckt, so ist es am nächsten Tag wärmer, als wenn der Nachthimmel klar gewesen wäre. Bei klarem Himmel strahlt die Erde die Wärme in das Weltall ab. Wenn die Gase in der Luft die Wärmestrahlung reflektieren, ist das nicht nur positiv für das Leben auf der Erde. Wir sind ja von einer dünnen Atmosphäre umgeben. Das sichtbare Licht gelangt relativ ungestört auf die Erdoberfläche und wird dort – je nach der Farbe – absor-

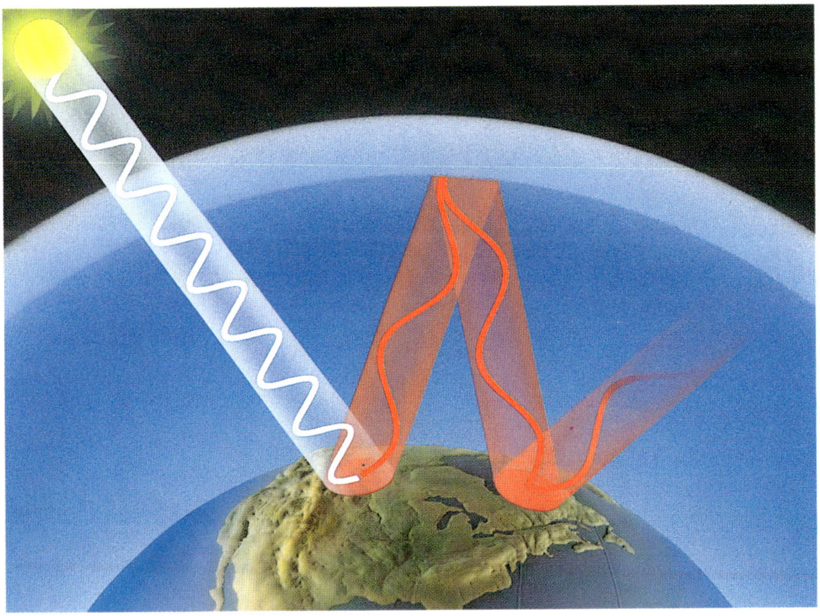

Wie in einem Treibhaus absorbiert die Erde das auftreffende Sonnenlicht. Die langwellige Wärmestrahlung wird vom Kohlendioxid nicht durchgelassen. Die Erdatmosphäre erwärmt sich.

biert. Die Erdoberfläche wärmt sich dadurch auf. Die Wärme wird normalerweise teilweise in das Weltall abgestrahlt. In der Luft befindet sich jedoch ein Gas, das Kohlendioxid, das die abgegebene Wärmestrahlung zur Erdoberfläche reflektiert. Über die Jahrtausende hat sich bei diesem Wärmehaushalt ein Gleichgewicht eingestellt. Wir verbrennen jedoch immer mehr sogenannte fossile Brennstoffe, die Kohlenstoff enthalten und sich deshalb während der Verbrennung mit Sauerstoff zu Kohlendioxid verbinden. Dieses Kohlendioxidgas gelangt in die Atmosphäre, und durch den steigenden Anteil wird weit mehr Wärmestrahlung als früher auf die Erde reflektiert. Die Befürchtung ist, daß sich die Erde – ähnlich wie ein Treibhaus – aufheizt und dadurch all die nachteiligen Folgen einer Klimaveränderung auftreten.

Auch mit der UV-Strahlung gibt es Probleme – sie wird weitgehend von der Ozonschicht absorbiert –, nur ein geringer Anteil gelangt auf die Erde. Durch den Gebrauch von chlorierten Kohlenwasserstoffen in Sprühdosen, Kühlschränken oder zur Herstellung von elektronischen Chips z. B. gelangen diese Substanzen zur Ozonschicht in etwa 20–50 km Höhe und zerstören sie. Mehr UV-Strahlung kann deshalb auf die Erdoberfläche gelangen. Weil es sich bei dieser Strahlung um eine sehr energiereiche Strahlung handelt, führt das bei biologischen Systemen zu Schäden führen, z. B. bei Menschen zum Hautkrebs.

Schwierigkeiten mit den UV-Strahlen gab es auch bei einigen billigen Sonnenbrillen aus Plastik. Sie dunkeln das Auge ab – verschlucken damit den sichtbaren Bereich des Sonnenlichtes –, sind aber für die gefährlichen UV-Strahlen – anders als Glas – durchlässig. Durch das Abdunkeln öffnet sich die Pupille – so daß sogar noch mehr UV-Strahlen in das Augeninnere eindringen können und die Sehzellen schädigen. Ein gefährliches Produkt, weil oft Kinderbrillen aus diesem Material angefertigt werden.

21

Unsichtbares sichtbar machen

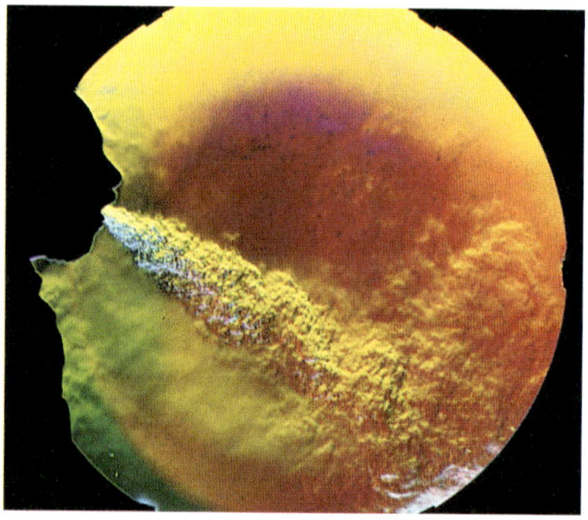

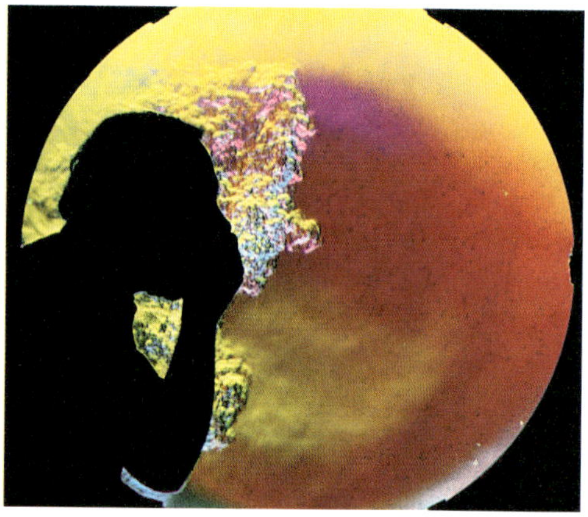

Kaum einen Unterschied gibt es beim Husten mit und ohne vorgehaltener Hand.

Das Kunststück:

Sie können Ihren Kopf vor einen großen Hohlspiegel halten – und plötzlich wird Ihr Atem sichtbar. Nicht alleine der Hohlspiegel macht dieses Kunststück möglich, sondern dazu sind noch einige Zusatzgeräte nötig. Vielleicht erschwert das Ihr Vorhaben, dieses Kunststück selbst vorzuführen. Aber sicher reichen ja schon die Fotos aus, um Ihr Interesse dafür zu wecken, wie diese Möglichkeit, Unsichtbares sichtbar zu machen, entsteht. Denn erstaunlich ist es schon, wenn plötzlich zu beobachten ist, wie sich beim Niesen oder Husten die ausgestoßene Luft verteilt, oder wenn man direkt sehen kann, wie sich Zucker in einer Flüssigkeit löst und sich warmes und kaltes Wasser mischen. Was ist der Trick bei diesem Kunststück?

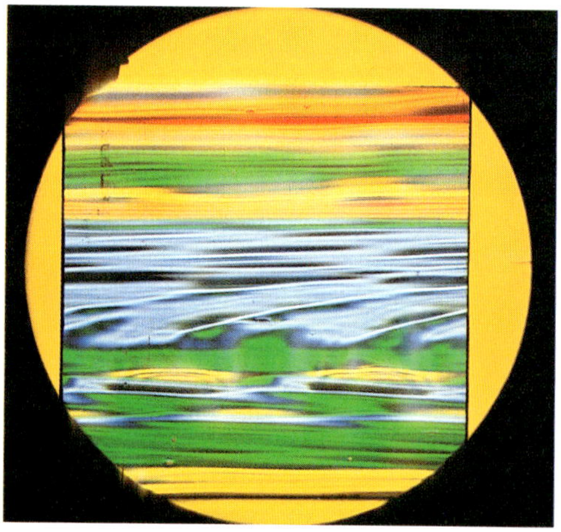

Unregelmäßigkeiten einer scheinbar ebenen Glasfläche sichtbar gemacht.

Bei der Herstellung von elektronischen Chips sind Luftbewegungen unerwünscht, weil sie Staub transportieren können. Untersuchungen eines „clean-rooms" mit der Schlierenfotografie.

Das knoff-hoff:

Was wir eigentlich auf diesen Fotos sehen, sind Schlieren – Dichteschwankungen in der Luft oder im Wasser, die das Licht verschieden stark ablenken. Solche Schlieren haben Sie sicher schon beobachtet, wenn warme Luft von einer Heizung aufsteigt, oder wenn an einem sonnigen, aber kühlen Tag sich die Straße erwärmt und die heiße Luft in der kalten Luft nach oben strömt. Die verschiedenen Dichten der Luft werden als Schlieren sichtbar. Die Lichtwellen werden an den dichteren Stellen stark abgelenkt und laufen hier sogar mit einer geringen Geschwindigkeit durch das Medium. Das ist vergleichbar mit einem Auto, das von einer Asphaltstraße auf einen sandigen Straßenrand rutscht und dadurch abgebremst wird. Mit unserer Spiegelanordnung können wir diese Schlieren weitaus besser und außerdem farbig sichtbar machen. Dazu wird im Brennpunkt des Hohlspiegels ein Filter eingepaßt, das aus dünnen Farbstreifen besteht. Hinter diesem Filter befindet sich eine Kamera. Der Lichtstrahl durchläuft den Weg zum Spiegel, wird dort reflektiert und erreicht durch das

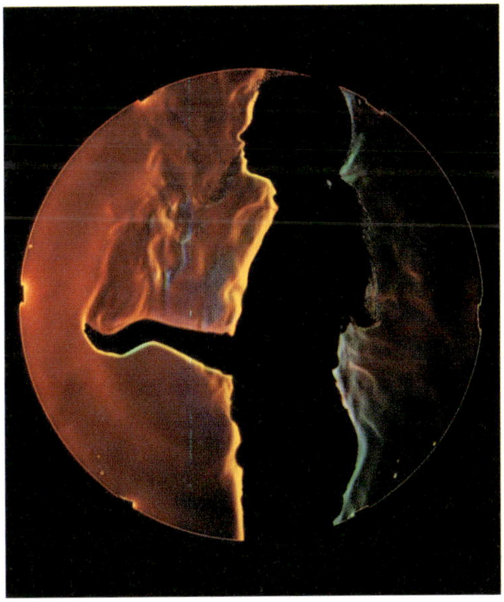

Auch der menschliche Körper strahlt Wärme ab und erhitzt die ihn umgebende Luft unterschiedlich.

Das Farbstreifenfilter.

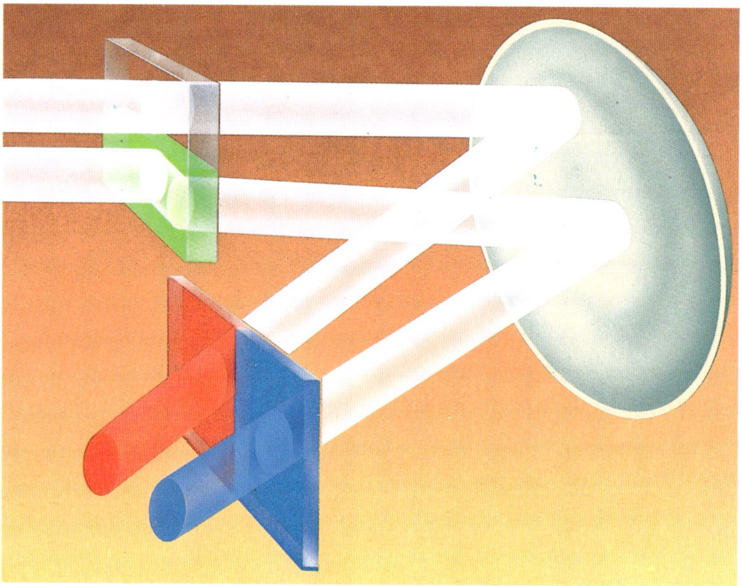

Die parallelen Lichtstrahlen werden durch die unterschiedliche Dichte des Materials verschieden stark abgelenkt. Dadurch gelangt der eine Strahl durch das Rotfilter und der andere durch das Blaufilter. Die Schlieren erscheinen farbig.

Filter die Kamera. Befindet sich auf dieser Strecke ein Gegenstand, der eine Dichteänderung der Luft hervorruft – wie z. B. eine Kerze –, so wird der Lichtstrahl von den Dichteschwankungen – wie das Auto im tiefen Sand – abgelenkt und durchläuft plötzlich einen anderen Farbstreifen des Filters. Deshalb erscheinen die Farben in dem Bild.

Eine brennende Kerze vor dem Hohlspiegel . . .

Die Dichteschwankungen in der Luft werden farbig sichtbar.

Würfelzucker löst sich in Wasser auf.

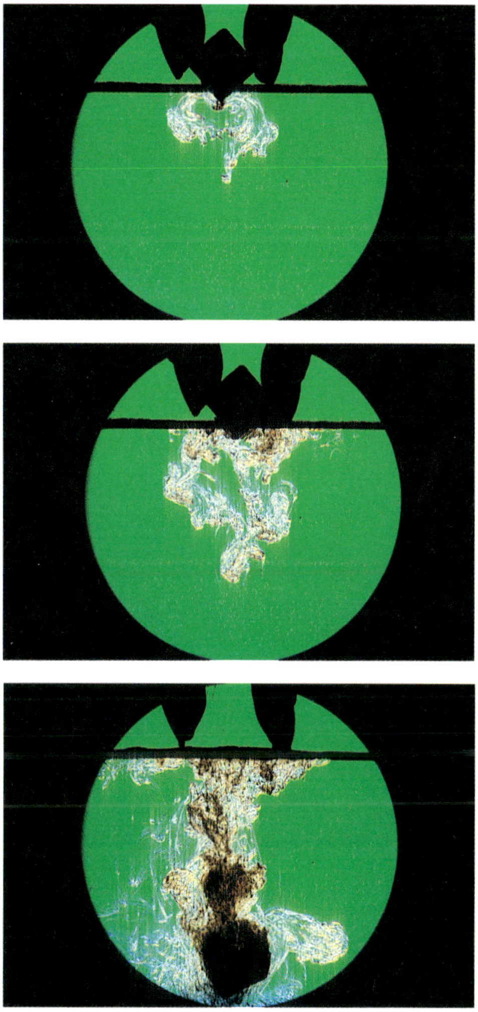

Tricks und Tips:

Es ist äußerst schwierig, diese Spiegelstrecke zu justieren. Schon kleinste Erschütterungen verhindern ein akzeptables Bild. Je größer der Brennpunkt des Hohlspiegels ist (bei uns ist er etwa 8 m entfernt), um so „feiner" reagiert das System auf die Dichteunterschiede. Die Methode besitzt ihre Grenzen darin, daß gute Spiegel höchstens bis zu einem Durchmesser von 1 m zu erhalten sind – größer darf also das zu untersuchende Objekt nicht sein. Für kleine Gegenstände reicht eine tragbare Version des Schlierenapparates aus. Die notwendige Länge des Lichtstrahls wird durch Reflektieren in dem Kasten erreicht – der Lichtstrahl läuft mehrmals vom Spiegel gelenkt – um die Ecke. Dieser Apparat kann zur Qualitätskontrolle vor Ort eingesetzt werden. Glas z. B. sieht unter normaler Durchsicht betrachtet fehlerfrei aus. Im Schlierenbild zeigen sich jedoch die Unregelmäßigkeiten im Material.

Ein Tauchsieder erwärmt Wasser. Das warme Wasser steigt nach oben.

22

Zauberei mit Rädern

Das Rad mit den Gummispeichen.

Ein Bimetallrad dreht sich nach Bestrahlung mit Licht.

Das Kunststück:

Ein Metallring wird mit Speichen aus Gummibändern versehen und auf eine Achse gesteckt. Dieses Rad kann man mit einer Lampe bestrahlen. Plötzlich beginnt sich das Rad zu drehen. Die aufsteigende warme Luft beeinflußt das Rad nur wenig – was aber verursacht die Bewegung?

Das knoff-hoff:

Eigentlich dehnen sich die Materialien bei Erwärmung aus. Gummi bildet aber eine Ausnahme. Es zieht sich zusammen – dadurch verschiebt sich mit den Gummispeichen der Mittelpunkt des Rades, es gerät aus dem Gleichgewicht und beginnt sich zu drehen. Andere „Speichen" aus Gummi kommen dadurch in die durch die Lampe erhitzte Zone und ziehen sich dort zusammen. Auf der anderen Seite kühlen sich die Gummibänder wieder ab und dehnen sich dabei aus. Die Asymmetrie des Rades bleibt damit erhalten, und solange die Lampe die eine Seite erhitzt, dreht sich das Rad.

Mit ähnlichen Mitteln kann man ein Rad aus Bimetallstreifen zum Drehen bringen. Ein Bimetallstreifen besteht aus zwei Metallen mit verschiedenem Ausdehnungsverhalten. Das eine Metall dehnt sich bei Erwärmung sehr stark aus, das andere verändert seine Länge nur wenig. Klebt man diese beiden Metalle zusammen, so krümmt sich bei Erwärmung der Bimetallstreifen.

Die Bimetallstreifen werden auf einen Korken gesteckt, und das entstehende Rad wird zentriert. Wenn man eine Kerze unter die Speichen stellt, beginnt das Rad sich zu drehen. Die Bimetallstreifen krümmen sich bei der Erwärmung – der Schwerpunkt des Rades verlagert sich dadurch, und das wird durch eine Drehbewegung des Rades ausgeglichen. Auf der kühleren Seite strecken sich die Bimetallspeichen wieder. Der längere Hebelarm der Speichen auf dieser Seite zieht das Rad nach unten usw. Eine kontinuierliche Drehbewegung ist so zu erreichen.

Tricks und Tips:

Und noch ein seltsames Rad kann man durch Wärme zum Drehen bringen. Gebaut wird es aus einem Weicheisenband und gelagert ist dieses Rad auf einer Nadelspitze. Auf der einen Seite stellen Sie einen Magneten und einen Gasbrenner auf. Wird das Eisen an der Stelle, wo es auf die Flamme trifft, rotglühend, so beginnt sich das Rad zu drehen. Eine Erklärung für diese Zauberei ist mit diesem Experiment möglich. Ein Eisennagel ist an einen Faden

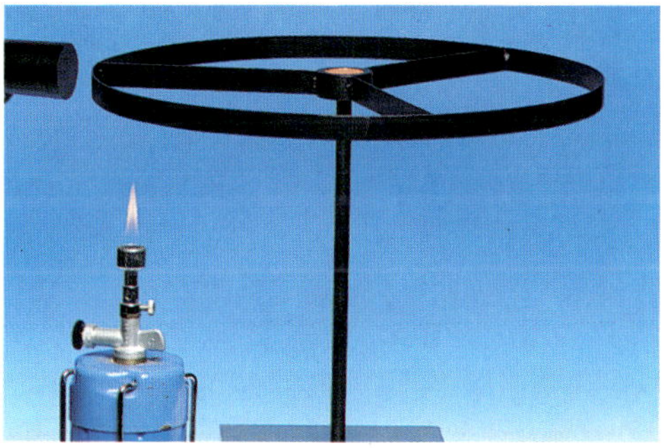

angebunden und wird von einem Magneten angezogen. Erwärmt man den Nagel, so verschwindet plötzlich die magnetische Anziehung, und der Nagel fällt nach unten. Eisen zeigt eine

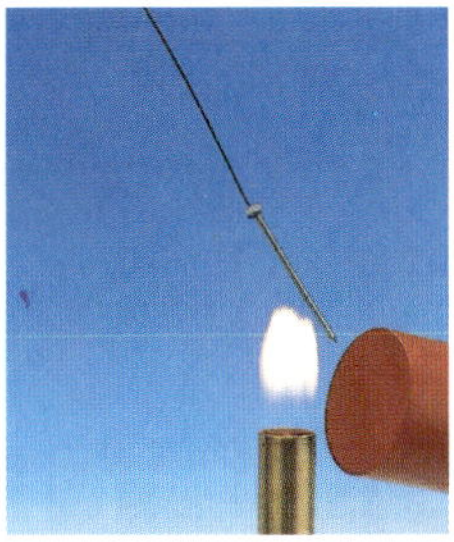

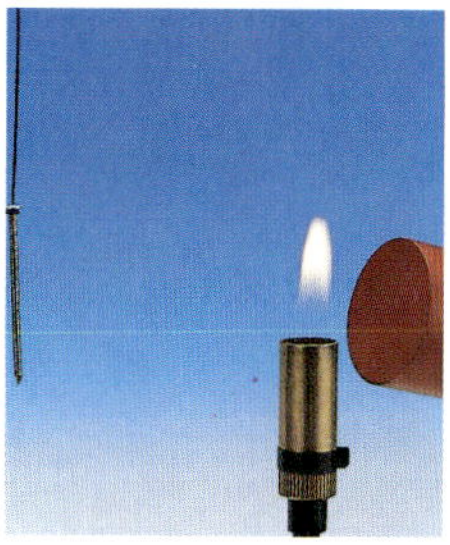

starke magnetische Wirkung. Bezirke im Eisen richten sich im äußeren Magnetfeld aus, und diese kleinen „Magneten" verursachen durch ihre Ordnung diese starke magnetische Wirkung des Eisens. Ab einer bestimmten Temperatur verliert sich diese Eigenschaft jedoch sprunghaft. Die Wärmebewegung wirbelt dann die kleinen Magneten im Eisen, die diese ferromagnetische Eigenschaft verursachen, durcheinander. Die magnetische Wirkung, die ja von einer bestimmten Anordnung abhängig ist, wird dadurch schwächer. Deshalb fällt der Nagel nach unten. Ebenso verliert der erhitzte Bereich des Eisenrades seine magnetische Wirkung. Der kühlere Rest des Rades ist jedoch weiterhin stark magnetisch. Der Magnet zieht deshalb das Eisenrad zu sich heran. Ein anderer Bereich wird jetzt erwärmt, und der Vorgang wiederholt sich. Das Rad dreht sich kontinuierlich.

Die Flamme bringt die magnetischen Bereiche durcheinander.

23

Das platzende Ei

Das Kunststück:

Mit Hühnereiern sind viele erstaunliche Kunststücke möglich. Wenn man sie dreht, zerdrückt, rollen läßt oder gar wirft – immer wieder gibt es Überraschungen (Buch 1, K. 2). Für dieses Kunststück muß man das Hühnerei etwas vorbereiten. Mit Essigsäure lösen Sie vorsichtig von einem rohen Ei die Kalkschale. Übrig bleibt eine dünne Haut, die den Inhalt des Eies schützt und zusammenhält. (Leichter ist es, sich von einer Hühnerfarm rohe Eier ohne Kalkschale zu besorgen.) Legen Sie jetzt dieses Ei ins Wasser, so ist zu beobachten, daß es in einigen Stunden anschwillt und schließlich zerplatzt. Wird ein anderes genauso vorbereitetes Ei in Salzwasser gelegt, so schrumpft es zusammen. Geheimnisvolles Leben?

Das knoff-hoff:

Offensichtlich haben Salze mit dem Anschwellen und Schrumpfen der Eier etwas zu tun. Denn verschließen wir ein Glas mit einer Schweinsblase, füllen das Gefäß mit einer gefärbten Kochsalzlösung und tauchen es in Wasser, so beginnt der Wasserspiegel im Gefäß zu steigen. Die Schweinsblase besitzt die Eigenschaft, die Wasserteilchen passieren zu lassen, hält jedoch die Salzmoleküle zurück. Der Flüssigkeitsspiegel steigt, weil die Wassermoleküle durch die Schweinsblase in die Salzlösung dringen. Offenbar unterliegen die Lösungen dem Zwang, in Richtung der höheren Salzkonzentration zu wandern, sie wollen die Flüssigkeit gleichmäßig verwässern. Solch ein Konzentrationsausgleich ist uns ja allen vertraut, wenn wir z. B. einen Tropfen Farbe in klares

Gefärbtes Salzwasser steigt in einer Glasröhre, die mit einer Schweinsblase verschlossen ist, und sich im destillierten Wasser befindet.

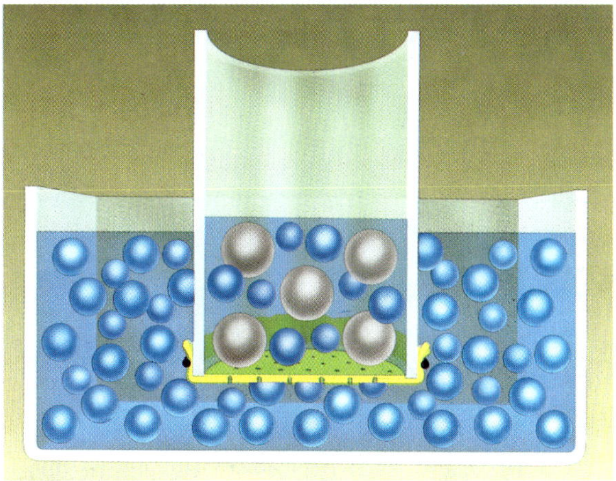

Salz- und Wasserteilchen sind durch die Schweinsblase vom reinen Wasser getrennt.

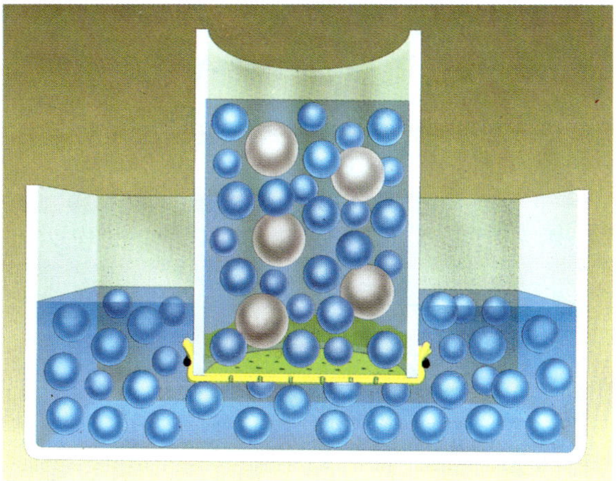

Zum Konzentrationsausgleich dringen die Wasserteilchen durch die Membran nach innen. Die Salzlösung steigt nach oben.

Wasser geben. Nach kurzer Zeit ist die Farbe gleichmäßig verteilt – auch ohne Umrühren. Die Teilchen in einer Flüssigkeit sind ständig in Bewegung – je höher die Temperatur, um so schneller die Bewegung. Diese Bewegung ist das Motiv für die Gleichverteilung der Moleküle. Ohne trennende Schweinsblase würden das Wasser und die Salzlösung ineinander fließen und die Salzteilchen gleichmäßig verteilen. Der Trick mit der nur für die Wasserteilchen durchlässigen Membran verhindert, daß sich die Salzmoleküle ausbreiten. Der angestrebte Konzentrationsausgleich kann nur erreicht werden, wenn das Wasser durch die Haut in das Gefäß wandert – gegen die Schwerkraft. Die Flüssigkeit steigt nicht beliebig hoch. Wenn sie zu schwer ist, kann auch dieser Zwang zum Konzentrationsausgleich nicht mehr gegen die Schwerkraft und den Luftdruck ankommen. Erstaunlich ist es schon, daß es Häute (oder Membranen) gibt, die sehr genau unterscheiden, wen sie durchlassen und wen nicht. Im Ei befinden sich Wasser, Salze und noch einige andere Substanzen. Das umgebende Wasser besitzt eine erheblich niedrigere Salzkonzentration als die Flüssigkeit im rohen Ei. Die Eihaut ist nur für Wasserteilchen durchlässig, jedoch nicht für die Salzmoleküle. Der angestrebte Konzentrationsausgleich kann damit nur so erfolgen, daß die Wassermoleküle in das Ei wandern und die Lösung dort verwässern. Das Ei schwillt an. Die Eihaut hält nur einen bestimmten Druck aus und zerplatzt deshalb bei Überbeanspruchung. Ins Salzwasser gelegt, kehren sich die Verhältnisse um. Die höhere Salzkonzentration, die es auszugleichen gilt, liegt außerhalb des Eies. Deshalb wandern die Wassermoleküle in die umgebende Salzlösung – das Ei schrumpft. Eine in Salzwasser gelegte Gurke verhält sich genauso – auch ihre Zellwände sind nur für bestimmte Moleküle durchlässig. Deshalb ist die Salzgurke so verschrumpelt. Für Biergartenbesucher ist dieser Drang zum Konzentrationsausgleich nichts Neues. Denn schneiden Sie sich Ihren Rettich in Scheiben und streuen darauf Salz, so bilden sich nach wenigen Minuten Wassertröpfchen um die Salzkörner. Das Salz „zieht" das Wasser aus dem „Radi". Bei Kirschen wiederum können die Konzentrationsverhält-

nisse genau umgekehrt sein. In der Kirsche befinden sich viele Zuckermoleküle. Bleibt ein Regentropfen auf der reifen Kirsche haften, so ist er nur durch die Haut der Kirsche von der Zuckerlösung im Inneren getrennt. Die Haut ist für die Wassermoleküle durchlässig – für die Zuckerteilchen jedoch nicht. Zum Konzentrationsausgleich dringt das Wasser in das Innere vor – die Kirsche schwillt an und platzt deshalb. Regen zur Zeit der Kirschenernte bereitet deshalb den Obstbauern Kummer.

Wird unsere Atmosphäre aber noch mehr mit Schadstoffen belastet, so könnte sich das Verhältnis umkehren – der „salzige" Regen würde dann Schrumpfkirschen produzieren.

Ausgetrocknete Blumen.

In wenigen Minuten richten sich die Blumen nach dem Gießen auf.

Das Keimen von Samen hängt von dem Drang zum Konzentrationsausgleich durch eine Membran – übrigens nennt man das „Osmose" – ab. Eine Dose ist mit trockenen Erbsen und Wasser gefüllt. Die Erbsen „quellen" auf und schieben die trockenen Erbsen im oberen Bereich aus dem Glas. Sie springen über den Boden und sind deshalb als Kinderscherz beliebt. Denn stellt man ein so vorbereitetes Glas auf den Schrank, ist es mit der Nachtruhe vorbei.

Tricks und Tips:

Auch in der Medizin wird das Wissen über die Osmose benutzt. Bei einer Infusion in den Blutkreislauf darf man nicht destilliertes Wasser benutzen, sonst platzen die Blutkörperchen. Sie besitzen eine höhere Salzkonzentration und „quellen" deshalb auf. Deshalb werden Infusionen mit Kochsalzlösungen durchgeführt, deren Konzentration den Bedingungen des menschlichen Körpers angepaßt ist. Zuviel Salz in der Lösung läßt die Blutkörperchen schrumpfen – die richtige Konzentration der physiologischen Kochsalzlösung ist deshalb wichtig.
Medikamente können – wohl dosiert – mit Hilfe der Osmose verabreicht werden. Dabei befinden sich im Inneren der Kapsel zwei Kammern, die durch

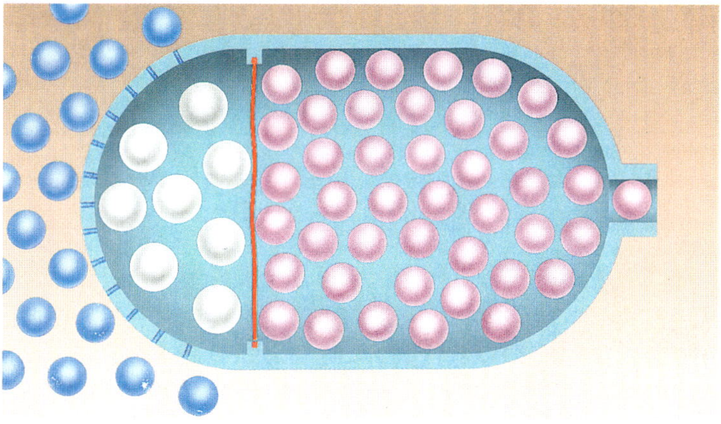

Zum Konzentrationsausgleich dringen die Wasserteilchen in das Salzreservoir ein . . .

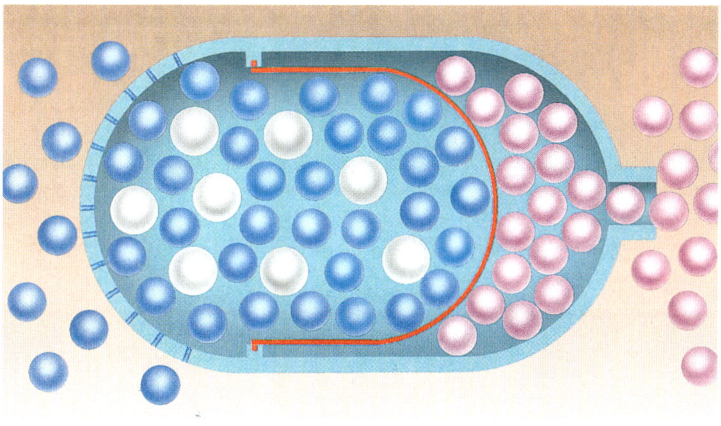

. . . und drücken das Medikament mit der Membran nach außen.

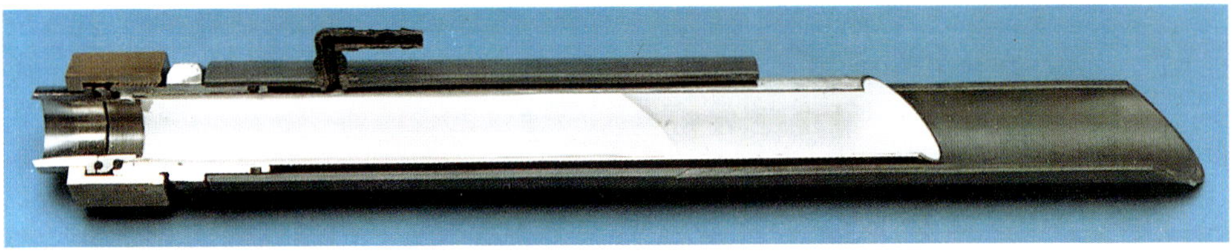

Das Salzwasser wird durch die Röhre und damit durch die weiße Membran gepreßt. Das entsalzte Wasser läuft an der Röhreninnenseite nach außen.

eine Folie getrennt sind. Die Kammer mit dem Medikament besitzt kleine Löcher, die mit Laserstrahlen gebohrt wurden. Die andere Kammer ist mit einem Salz gefüllt. Bringt man diese Kapsel in den Körper, so dringen durch die Außenhaut Wassermoleküle ein und blähen die Kammer mit dem Salz auf. Dadurch wird das Medikament langsam aus den Löchern gedrückt. Die Hoffnung ist, daß dadurch über einen längeren Zeitraum die richtige Dosierung eines Medikamentes möglich wird. Versuche im Magen haben jedoch gezeigt, daß sich das herausgedrückte Medikament in der Umgebung der Kapsel konzentriert, weil es in den Magenfalten hängen bleibt. Wie so oft in der Natur, läßt sich auch die Osmose umkehren. Drückt man auf die in der Schweinsblase hochgestiegene Flüssigkeit, so werden die Wassermoleküle durch die Membran durchdringen können – die Salzteilchen bleiben zurück. Dieser Weg der Wassermoleküle durch die Membran ist äußerst kompliziert und nur wenig erforscht – elektrische Kräfte spielen dabei eine Rolle. So einfach wie ein Filter, das auf mechanischem Wege Teilchen wegen ihrer Größe zurückhält, ist es nicht. Benutzt wird diese „Reversosmose" zur Entsalzung von Meereswasser. Das Salzwasser wird dabei durch Röhren gedrückt, die mit speziellen Membranen ausgestattet sind. Hinter den Membranen kann das entsalzte Wasser aufgefangen werden.

Das Wasser des Colorado-Rivers wird so wieder brauchbar gemacht. Der Fluß nimmt auf dem Weg durch die Halbwüste Colorados sehr viel Salz auf, so daß sein Wasser an der amerikanisch-mexikanischen Grenze nicht mehr zur Bewässerung der Felder benutzt werden kann. Erst die Umkehrosmose macht das wieder möglich.

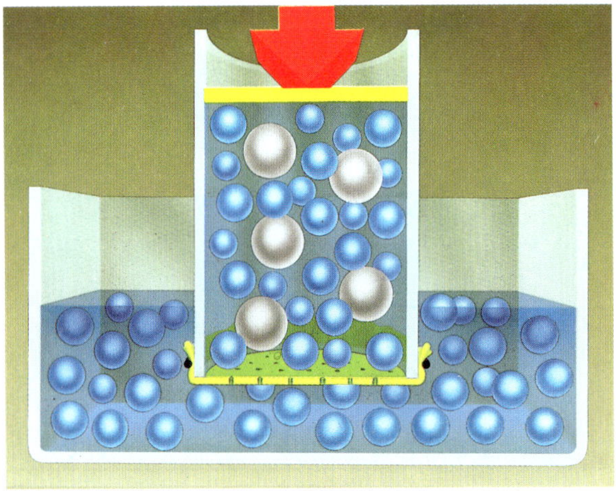

Wird Druck auf die mit einer Membran verschlossene Glasröhre ausgeübt, so dringen die Wasserteilchen nach außen – das Salz wird zurückgehalten.

24

Der tote Fisch, der lebt

Das Kunststück:

Zu Weihnachten läßt sich dieses Kunststück besonders leicht durchführen; denn zu dieser Zeit werden überall lebende Karpfen angeboten. Zum Essen müssen sie geschlachtet werden – und danach ist der Moment für unser Kunststück gekommen. Während der Karpfen tot und ausgenommen auf den Kochtopf wartet, können Sie ihn mit etwas Salz einreiben. Nach wenigen Sekunden beginnt der Karpfen leicht zu zittern, dann mit dem Schwanz zu schlagen und schließlich heftig zu springen, als ob er gerade aus dem Wasser kommt – so lebendig verhält er sich. Ist Salz die Substanz, die zum Leben zurückführt?

Das knoff-hoff:

Die Osmose (K 24) täuscht uns vor, daß der tote Karpfen lebt. Bei der Weiterleitung von Nervenimpulsen spielen die Zellmembranen eine wichtige Rolle. Sie trennen positive und negative elektrische Ladungen. Ein Reiz von außen verursacht eine Ladungsumkehr, die sich entlang der Nervenfaser ausbreitet und z. B. eine Muskelbewegung veranlaßt. Natrium – aus das ja

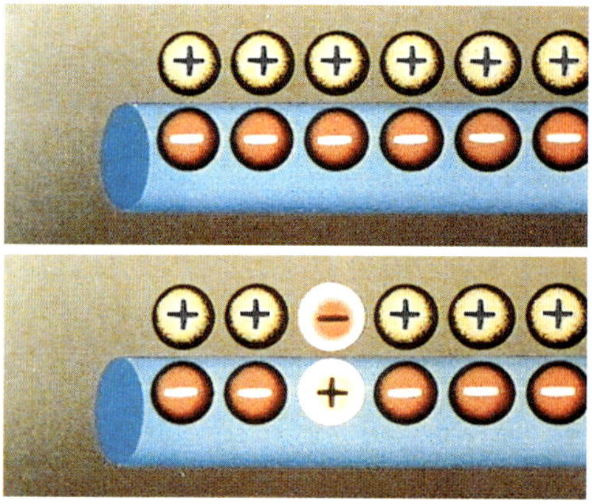

Ein Nervenreiz wird durch schnelle Ladungsumkehr weitergeleitet.

Kochsalz besteht – besitzt bei diesen Vorgängen eine wichtige Funktion. Es erhöht die Durchlässigkeit der Nervenmembran. Nach dem Einreiben mit Salz dringen sehr viele Natriumionen zusätzlich in den Karpfen ein und verändern die elektrischen Verhältnisse in den Nervenfasern – eine Situation wie bei der Weiterleitung eines Nervenreizes. Das Konzentrationsgefälle zwischen dem hohen Salzanteil außen und dem weitaus geringeren innen soll ausgeglichen werden – elektrisch geladene Teilchen dringen durch die Zellmembranen, die damit Reize auf die Nervenfasern ausüben. Deshalb zappelt der Karpfen einige Zeit so heftig. Karpfen eignen sich für dieses Experiment wegen ihrer extrem schleimigen Haut besonders gut – die Wirkung des Salzes wird sehr schnell weitergegeben. Aber auch mit anderen Fischen gelingt dieses erstaunliche Kunststück. Fische reagieren sehr empfindlich auf osmotische Vorgänge, denn sie sind ja ständig von Wasser umgeben und haben ihr Leben darauf eingerichtet. Jede Konzentrationsänderung im Wasser wird von ihnen registriert – die Moleküle können leicht durch die Zellwände dringen. Deshalb gehören Fische zu den ersten Opfern bei der Verschmutzung der Flüsse.

Vor allem die Haut von Süßwasserfischen ist gegenüber osmotischen Vorgängen sehr empfindlich. In den Zellen der Fische befinden sich gelöste Salze, die für das Leben der Fische wichtig sind. Die Zellmembran ist für die Salzteilchen nicht zu passieren. Zum Konzentrationsausgleich dringen deshalb durch die Haut des Fisches Wassermoleküle nach innen. Süßwasserfische müssen also nicht trinken! Gefährlich wird es, wenn Süßwasserfische mit Salzwasser in Kontakt kommen. Ist die Salzkonzentration außen höher als im Fisch, so „trocknen" die Fische aus. Das Wasser aus den Zellen wird dann in Richtung des umgebenden Salzwassers gezogen. Durch stark salzhaltige Abwässer der Kalibergwerke am Oberrhein und an der Werra treten hohe Salzkonzentrationen im Süßwasser auf. Die Fische überleben diese Veränderung ihrer Umwelt nicht. Bei der konstanten Salzzufuhr in der Werra haben sich sogar Lebewesen angesiedelt, die sonst nur im Salzwasser zu finden sind. Würde etwa die Werra wieder zum Süßwasserfluß, so wären diese Organismen in Gefahr. Denn die hohe Salzkonzentration in ihrem Körper, die sie ja zu Salzwasserlebewesen macht, würde das Wasser durch die Zellmembranen ziehen – die Tiere würden zerplatzen. Salzwasserfische müssen trinken, denn die Salzkonzentration im Wasser ist höher als im Körperinneren. Setzt man Salzwasserfische ins Süßwasser, so quellen sie auf und der Organismus wird geschädigt. In bestimmten Grenzen jedoch können die Fische Konzentrationsschwankungen ausgleichen. Große Aufregung gab es bei der Planung des Suez-Kanals. Durch den Suez-Ka-

nal wird das stark salzhaltige Rote Meer mit dem weniger salzhaltigen Mittelmeer verbunden. Vor allen Dingen die Bitterseen zeigen hohe Salzwerte. Nach dem Bau des Kanals zeigte sich, daß durch die neuen Verhältnisse verschiedene Fischarten den veränderten Salzkonzentrationen auswichen. Heute ist eine Verschiebung in der Fischpopulation zu beobachten.
Salz fürchten auch andere Tiere, z. B. Schnecken. In Südeuropa streuen Schneckensammler auf den Kistenrand Salz – das hindert die Schnecken am Davonlaufen. Fressen die Schnekken die Salze, oder kommen sie mit ihrem schleimigen Körper damit in Kontakt, so wird ihnen das Wasser aus dem Körper „gezogen" – sie vertrocknen regelrecht.

Salzbarriere vor einer Schnecke.

Tricks und Tips:

Einen Garten kann man auch allein mit Chemie anlegen. Nicht in der Natur, aber in einem Glasgefäß. Kristalle werden in eine „Wasserglaslösung" geworfen. „Wasserglas" ist ein Gel und enthält unter anderem Wasser. Nach einigen Stunden sind aus den Kristallen Verzweigungen gewachsen, so daß es wie in einem Korallengarten aussieht. Deshalb nennt man diese Gebilde „chemischer Garten".
Die Kristalle lösen sich in der Wasserglaslösung. Unter dem Mikroskop ist zu erkennen, daß sich dabei ein Häutchen aus angelöstem Kristall bildet. Die Wassermoleküle dringen durch das Häutchen – hinter dem sich ja die höhere Konzentration an gelösten Kristallteilchen befindet – das Häutchen schwillt an – platzt – eine neue Membrane bildet sich und der Vorgang wiederholt sich.
Die Wasserblase hinter dem Häutchen ist leichter als die gallertartige Wasserglaslösung – deshalb steigt der Schlauch nach oben. Zu dem Zick-Zack-Weg kommt es durch die unterschiedlichen Widerstände in der Lösung.

Kupfersulfat, Eisenchlorid oder Kupfernitrat in eine Wasserglaslösung gebracht, wachsen zu einem „chemischen Garten".

25

Das Wunder der gefrorenen Seifenblase

Das Kunststück:

Wenn Sie im Winter Seifenblasen in die kalte Luft hinauspusten, so steigen sie zuerst rasch nach oben und sinken dann langsam nach unten. Die Wärme der Atemluft ist leichter als die kalte Außenluft – deshalb der rasante Aufstieg und mit dem Abkühlen der Luft in der Seifenblase der langsame Abstieg. Bei weitaus tieferen Temperaturen kann man die Haut der Seifenblase zum Gefrieren bringen und Kugeln mit hauchdünnen Schalen produzieren. Dazu legt man in ein leeres Aquarium Trockeneis, das die tiefen Temperaturen liefert. Blasen Sie Seifenblasen über das kalte Trockeneis, so gefrieren die Seifenblasen nicht so perfekt, wie es sein sollte. Die Haut schrumpft und allenfalls erhält man eine gefrorene, verschrumpelte Halbkugel. Das ist auch einleuchtend, denn die Kälte läßt den Luftdruck, der die Seifenhaut aufspannt, in der Blase sinken. Wenn Sie jedoch über ein Glas eine Seifenhaut spannen und es auf das Trockeneis ins Aquarium stellen, so schrumpft zwar diese Haut zunächst auch, dann aber wächst sie und wölbt sich stark nach oben. Was verursacht dieses wundersame Aufblasen der Seifenhaut?

Das knoff-hoff:

Das Glas enthält Luft, und darüber wird die Seifenhaut gelegt. Stellen Sie das Glas auf das Trockeneis, so wird es von Kohlendioxidgas umgeben. Trockeneis ist ja nichts anderes als gefrorenes Kohlendioxid. Das Kohlendioxidgas ist schwerer als Luft und füllt deshalb das Aquarium fast vollständig aus. Nur die dünne Seifenhaut

In einer Umgebung aus Kohlendioxid „bläst" sich die Seifenhaut auf.

trennt die Luft im Glasinneren vom Kohlendioxid außen – und wie bei den Flüssigkeiten (K 24) will sich dieses Konzentrationsgefälle ausgleichen. Die Kohlendioxidteilchen durchdringen die Seifenhaut und heben sie kräftig an. Der anfängliche Schrumpfeffekt durch die Abkühlung wird dadurch aufgehoben und sogar ins Gegenteil verkehrt.

Tricks und Tips:

Diese Wanderung von Gasmolekülen mit dem Ziel, verschiedene Konzentrationen auszugleichen, kann in der Technik angewendet werden. Prinzipiell ist sogar ein erstaunliches Kunststück möglich. Unter Wasser kann ein Vogel in einem Käfig aus speziellen gasdurchlässigen Folien leben. Die Folien sind für Sauerstoff durchlässig. Verbraucht der Vogel in seiner Unterwasserbehausung durch die Atmung den Sauerstoff, so dringt der im Wasser gelöste Sauerstoff durch die Membran ein, um das Konzentrationsgefälle auszugleichen.

Der Effekt ist gering und deshalb muß die Fläche der Folie besonders groß sein, um genügend Sauerstoff im Inneren des Unterwasserhäuschens zur Verfügung zu haben. Versuche gibt es, auf U-Booten eine sauerstoffdurchlässige Schicht anzubringen. Sinkt der Sauerstoffgehalt in einem Hohlraum dahinter, so dringt der im Wasser gelöste Sauerstoff durch die Membran. Der Hohlraum ist mit einer Substanz gefüllt, die den Sauerstoff gut bindet. Hämoglobin tut das, und in dem Hohlraum ist tatsächlich eine chemisch vereinfachte Version dieses Stoffes untergebracht. Diese Anordnung funktioniert wie künstliche Fischkiemen. Der Sauerstoff kann so aus dem Wasser herausgezogen werden. Im U-Boot extrahiert man den Sauerstoff und benutzt ihn z. B. zur direkten Erzeugung von elektrischer Energie mit Hilfe einer Brennstoffzelle. Die Tauchzeit eines U-Bootes würde sich durch diesen Trick verlängern.

Bei der Verpackung von Fleisch sollen Folien, die sauerstoffdurchlässig sind, den Kunden zum Kauf verführen. Dabei befinden sich die Metzger in einer Zwickmühle. Ohne Sauerstoff wird das Fleisch dunkelbraun – weniger attraktiv für unsere Vorstellungen vom rosaroten Fleisch. Mit Sauerstoff jedoch beginnt der Fäulnisprozeß des Fleisches früher. In den USA verpackt man deshalb das Fleisch unter Sauerstoffabschluß in zwei Folien. Es wird unansehlich braun, weil ja der Sauerstoff fehlt. Soll es zum Verkauf kommen, löst man die obere Folie, die sauerstoffundurchlässig ist. Die darunter liegende Folie läßt den Sauerstoff durch – er diffundiert langsam durch die Verpackung und läßt das Fleisch rot erscheinen – ein Anreiz zum Kaufen.

Die Seifenhaut ist für Kohlendioxidteilchen durchlässig. Innen befindet sich Luft – außen eine Atmosphäre aus Kohlendioxid.

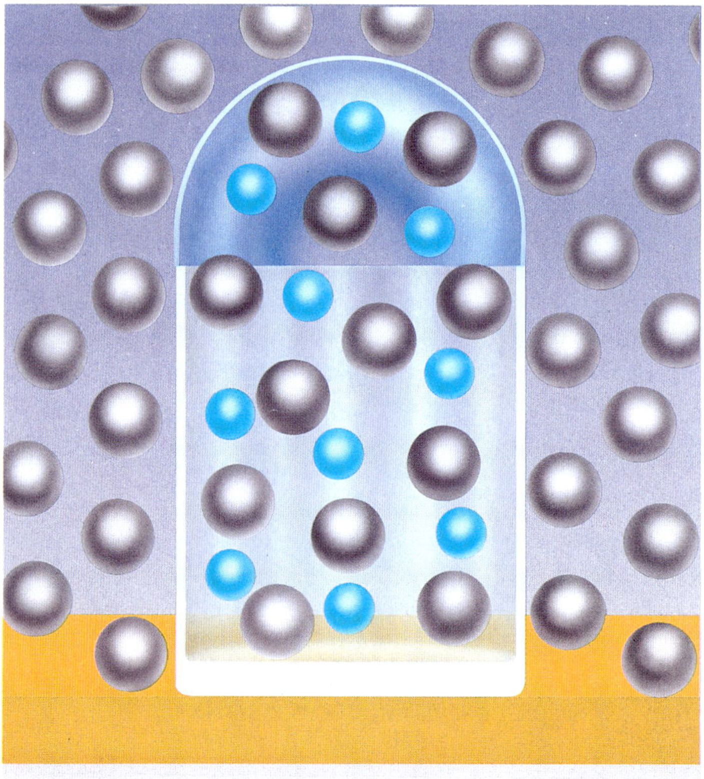

Zum Konzentrationsausgleich dringen die Kohlendioxidteilchen durch die Seifenhaut in die Flasche. Die Seifenhaut bläht sich auf.

26

Geheimnisvolle Kräfte

Das Kunststück:

Wenn sich etwas geheimnisvoll bewegt, z. B. ein Gegenstand auf dem Tisch, oder ein Automodell in der Luft schwebt, dann wird sehr schnell von Zauberei oder mystischen Kräften gesprochen. Clevere Leute nutzen das aus, um sich einen Spaß zu machen. Bei sehr Leichtgläubigen entsteht mit solchen Tricks allerdings oft auch Verwirrung darüber, was wirklich möglich ist – und was nicht.

Zu solchen Tricks gehört auch dieses Kunststück: In Öl mischt man Eisenfeilspäne. Beschwört man mit der Hand irgendwelche Geister, so erhebt sich aus dem Öl plötzlich ein Gebirge. Auf die entsprechende Gegenbewegung fällt das Gebirge in sich zusammen.

Das knoff-hoff:

Die Eisenfeilspäne reagierten auf starke Elektromagneten, die unter der Schale mit dem Öl angebracht sind. Mit dem Fuß schaltet man den Magneten ein, die Eisenfeilspäne sammelten sich entsprechend der magnetischen Feldlinie um diesen Bereich. Ebenso kann man 4 Schwimmer, die auf Ma-

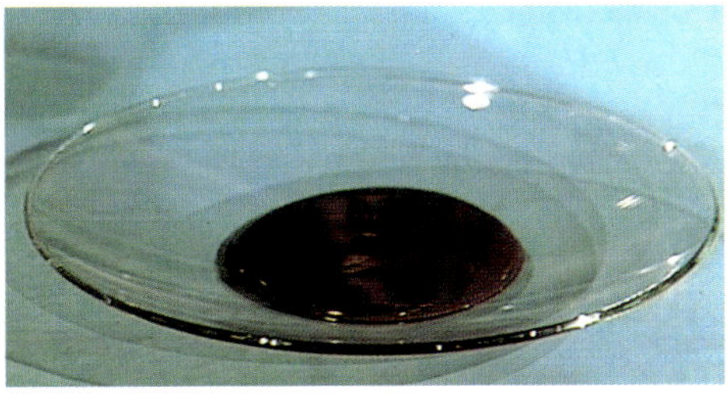

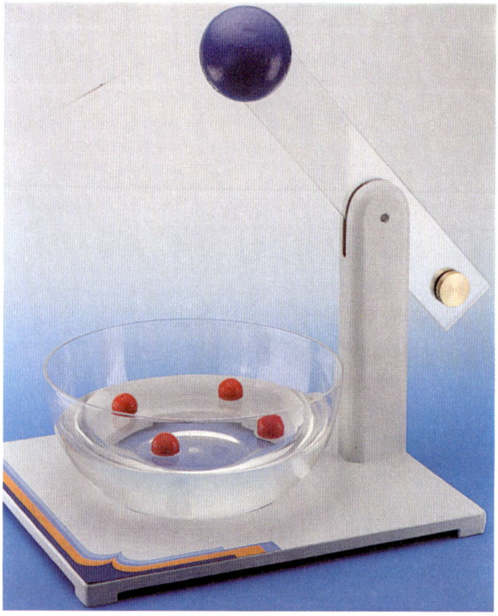

Senkt sich der Magnet nach unten, . . .

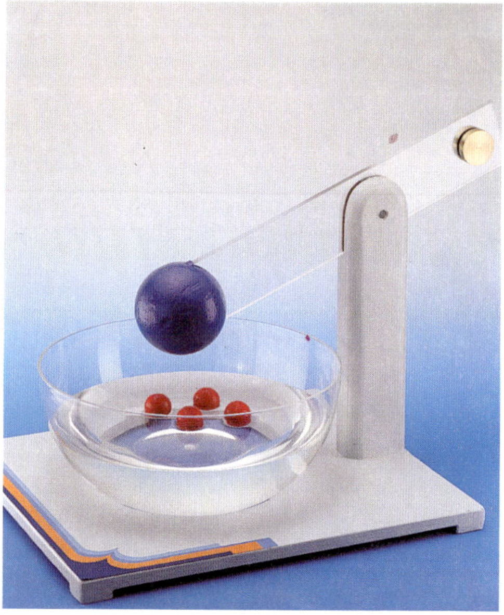

. . . sammeln sich die Kugeln in der Mitte.

gnet reagieren, in einer Flüssigkeit bewegen. Kippt man den Magneten herunter, so bewegen sich die Schwimmer auf das Zentrum zu. Wird der Magnet wieder hochgezogen, so wandern die Schwimmer genau wieder auf ihre Position zurück. Am Boden unter der Schüssel befinden sich schwache Magneten, die die Schwimmer in dieselbe Position zurückziehen.

Heute hat sich auf dem Gebiet der Magneten viel getan. Es ist möglich, mit neuen Materialien auf kleinstem Raum starke Magnetfelder zu konzentrieren. Lautsprecher in Miniradios oder Antriebsmotore in CD-Spielern konnten deshalb verkleinert werden. Aber auch Zauberer vervollkommnen durch starke Magnete ihre Tricks. Mußte man früher unter den Tisch greifen, um auf einer dünnen Tischplatte mit einem Magneten etwas zu bewegen, können heute Zauberer einen starken Magneten am Knie z. B. verdeckt anbringen. Bewegen sie unter dem Tisch das Knie, so reagieren auf der Tischplatte Gegenstände, die magnetisch sind. Geheimnisvolle Bewegungen sind so möglich. Auch das Automodell auf unserem Foto schwebt in einem Magnetfeld.

Zauberer arbeiten zwar mit kleineren Magneten – aber erstaunlich ist das Aufstellen der Nägel auch so.

Tricks und Tips:

Aber nicht nur als Spielerei sind starke Magneten gedacht. Eine Konzeption einer Magnetbahn beruht darauf, daß die Waggons der Bahn über den Schienen schweben. Dabei befindet sich an Stelle der Räder ein Winkel an der Unterseite der Waggons. An diesem Winkel ist ein starker Magnet angebracht, der von der Schiene angezogen wird. Dadurch hebt sich der Waggon nach oben und schwebt. Angetrieben wird diese Magnetbahn über einen Linear-Motor – das sind Kupferspulen, die entlang der Schienen laufen und durch die ein elektromagnetisches Wechselfeld läuft, das den Zug nach vorne treibt.

Diesen Linear-Motor kann man sich als aufgeschnittenen Elektromotor vorstellen. Weil die Rollreibung der Räder auf der Schiene wegfällt, kann dieser Zug hohe Geschwindigkeiten erreichen (ca. 500 km/h).

Die unten liegenden Magnete werden von der Eisenschiene angezogen – dadurch hebt sich die Magnetbahn.

Beim Transrapid sind die Elektronenmagneten deutlich zu erkennen.

27

Das Ei in der fliegenden Pfanne

Ramona „beschwört" einen Aluminiumring.

Das Kunststück:

Über Kupferspulen wird eine Aluminiumpfanne gestellt. Fließt durch die Kupferspulen Strom, so beginnt die Pfanne plötzlich zu schweben. Magnetfelder werden Sie sofort sagen, heben die Pfanne an. Aber Aluminium reagiert nicht auf einen Magneten. Das können Sie mit einem Permanentmagneten sofort ausprobieren. Überdies wird die schwebende Pfanne auch noch heiß, so daß Sie darin ein Ei braten können. Überirdische Kräfte?

Das knoff-hoff:

Mit Magnetfeldern hat dieses Kunststück zu tun, selbst wenn Aluminium nicht magnetisch ist. Bewegt man einen Aluminiumring in einem Magnetfeld, so werden in dem Aluminium Elektronen bewegt. Es fließt ein Strom, der wiederum von Magnetfel-

Die Erklärung: Im Magnetfeld werden in dem Aluminiumring Wirbelströme induziert.

dern umgeben ist. Diese Ströme fließen in kleinen Kreisen und man nennt sie Wirbelströme. Das Magnetfeld, das diese Ströme umgibt, ist stets dem Magnetfeld, durch das diese Ströme induziert wurden, entgegen gerichtet, d. h. die beiden Magnetfelder stoßen sich ab. Setzt man einen Aluminiumring über den Eisenkern einer Kupfersäule durch die Strom geschickt wird, so schießt der Ring regelrecht heraus. Bei der entsprechenden Wahl des Gewichts des Ringes und der Stromstärke in den Spulen kann man den Ring zum Schweben bringen. Er fällt etwas nach unten – dadurch entstehen die Wirbelströme mit entgegengerichtetem Magnetfeld – der Ring wird nach oben gehoben – die Induktionswirkung schwächt sich am Ruhepunkt ab, der Ring fällt deshalb wieder nach unten usw. Für unser Auge scheint der Ring zu schweben. Und genauso funktioniert unsere schwebende Aluminiumpfanne. Heiß wird sie deshalb, weil die Wirbelströme – wie jeder elektrische Strom – einem elektrischen Widerstand entgegenarbeiten müssen. Es ist möglich, in dieser Pfanne ein Ei zu braten. Diese Ströme, die in dem Metall induziert werden, können soviel Wärme entwickeln, daß sie Metall zum Schmelzen bringen. Dabei schwebt die Probe wiederum in einem von der Spule aufgebauten Magnetfeld, Wirbelströme werden induziert, die gegen den elektrischen Widerstand fließen müssen und dadurch das Metall so stark erhitzen, daß es schmilzt. Die Energie dazu kommt aus dem Magnetfeld der Spulen. Dieses berührungsfreie Schmelzen ist z. B. im Weltraum wichtig, wenn man bei Untersuchungen von Metallen in der Schwerelosigkeit den Einfluß von Tiegelwänden vermeiden will.

Eine Metallprobe schwebt im Magnetfeld einer elektrischen Spule.

Das Metall beginnt zu schmelzen.

Nach dem Abschalten fällt die Metallschmelze nach unten.

Tricks und Tips:

Diese Wirkung der Wirbelströme kann man auch mit diesem Kunststück eindrucksvoll zeigen. Auf einer Aluminiumplatte liegt ein Hufeisenmagnet, der an einem Hebel befestigt ist. Das Aluminium ist ja nicht magnetisch. Wenn wir aber die Scheibe drehen, so

Der Magnet liegt auf einer Aluminiumscheibe.

Beginnt sich die Scheibe zu drehen, so schwebt der Magnet über der Scheibe.

hebt plötzlich der Magnet ab und schwebt über der sich drehenden Scheibe. Klar, warum? Das Magnetfeld induziert in der sich bewegenden Scheibe Wirbelströme, deren Magnetfeld wiederum dem ursprünglichen entgegengerichtet ist. Deshalb kommt es zur Abstoßung.

Ein Konzept der Magnetschwebebahn baut auf die induzierten Wirbelströme. Dabei müssen die Schienen aus Aluminium sein. In der Lokomotive befinden sich starke Magneten. Wenn sich die Bahn bewegt, induzieren die Magneten Wirbelströme in den Aluminiumschienen. Deren entgegengerichtetes Magnetfeld hält die Bahn in Schwebe. Ein Effekt wie bei unserem Kunststück mit dem Hufeisenmagneten und der Aluminiumscheibe. An Haltestellen jedoch sinkt diese Magnetbahn auf die Schienen. Als Starthilfe wurden deshalb Räder konstruiert. Dieses Konzept wurde in Deutschland als zu kompliziert empfunden. Man stellte die Versuche ein.

28

Wie man den Widerstand überlistet

Das Kunststück:

Der elektrische Widerstand hat ja auch seine Vorteile. Man braucht ihn, damit eine Glühbirne leuchtet oder um etwas elektrisch aufzuheizen. Oft genug jedoch ist der Widerstand ärgerlich, weil er zu Energieverlusten führt. Mit vielen Tricks versucht man bei der Stromleitung die Verluste zu mindern, z. B. durch die Wahl von Materialien, die einen geringen elektrischen Widerstand zeigen. Besonders eindrucksvoll ist es, wenn man den elektrischen Widerstand zu Null werden lassen kann. Man spricht dann von Supraleitung. Seit dem Nobelpreis für Physik 1987, der einem Schweizer und einem Deutschen wegen der Arbeit auf dem Gebiet der Supraleitung zugesprochen wurde, gibt es ein Kunststück, das erstaunlich ist. Über dampfendem, flüssigem Stickstoff mit einer Temperatur von etwa – 196 °C schwebt ein kleiner Magnet. Im flüssigen Stickstoff liegt eine Keramikscheibe, die offensichtlich dieses Wunder vollbringt. Was läßt den Magneten schweben und warum benötigt man so tiefe Temperaturen für dieses Kunststück?

Das knoff-hoff:

Der elektrische Widerstand wird durch den Zusammenprall der Elektronen mit den Atomen, aus denen das Material besteht, hervorgerufen. Die Atome bewegen sich – je nach der Temperatur – mehr oder weniger kräftig hin und her. Je höher die Temperatur, um so größer auch der elektrische Widerstand. Denn bei Erwärmung schwingen die Atome schneller hin und her, treffen immer häufiger auf Elektronen und hindern sie am Fortkommen. Kühlt man das Material ab, so bewe-

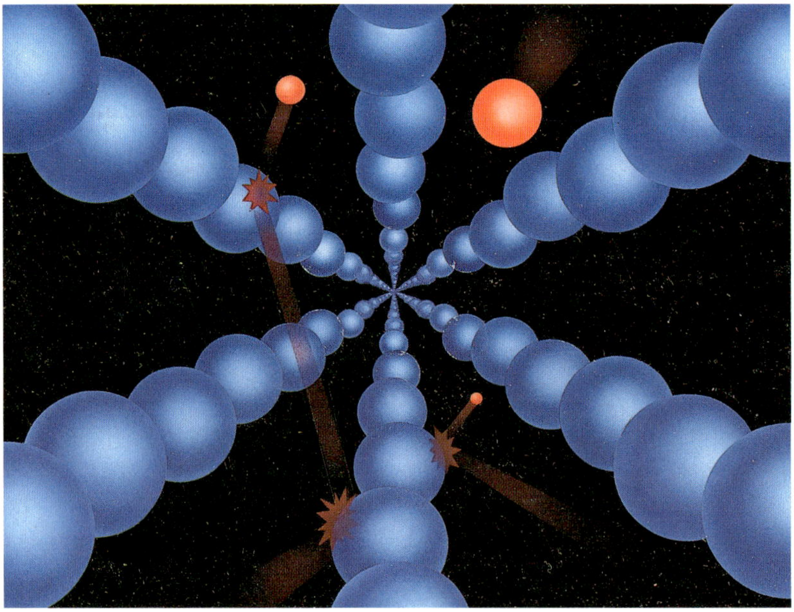

Elektronen stoßen auf ihrem Weg mit den Bausteinen des Materials zusammen. Je höher die Temperatur, um so heftiger die Bewegung der Bausteine. Die Zusammenstöße werden häufiger, der elektrische Widerstand steigt.

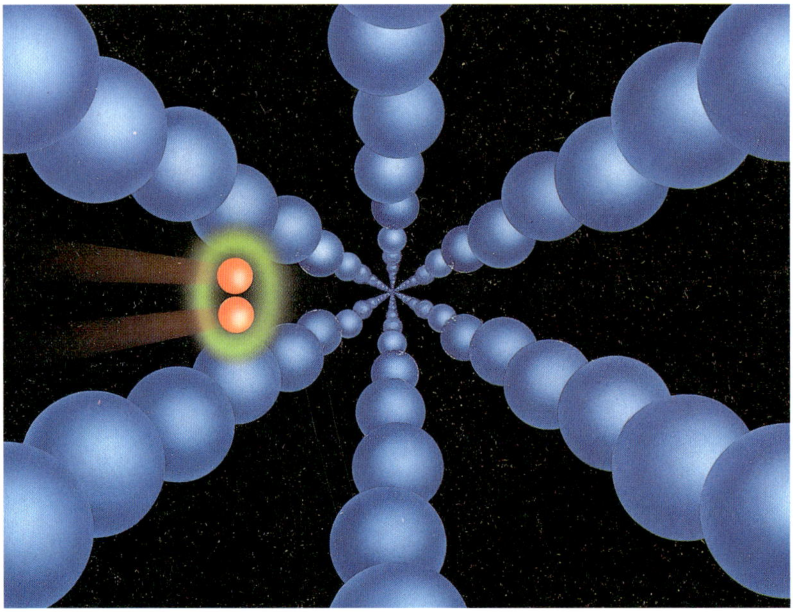

Im supraleitenden Zustand kommt es zu einer speziellen Wechselwirkung zwischen den Gitterbausteinen und den Elektronen. Die Elektronen werden zu Paaren zusammengeschoben und gelangen so – ohne Widerstand – durch das Material.

gen sich die Atome weniger hastig, die Elektronen können viel leichter durch die Atomgitter schlüpfen, der elektrische Widerstand sinkt. Schon 1911 wurde Erstaunliches beobachtet. Bei sehr tiefen Temperaturen – nahe dem absoluten Nullpunkt von – 273 °C verschwindet plötzlich bei einigen Materialien der elektrische Widerstand vollständig. Nach einer Theorie für diese Supraleitung schwingen die Atome bei diesen tiefen Temperaturen nicht nur sehr langsam, sondern auch so, daß sie jeweils zwei Elektronen zusammenbringen und diese als Paar durch die Struktur des Materials schieben – ohne elektrischen Widerstand. Dieser Zustand der Supraleitung konnte nur durch Kühlung mit flüssigem Helium, das eine Temperatur von – 269 °C hat, erreicht werden.

Den Nobelpreis für Physik 1987 gab es nun dafür, daß man Keramiken – Oxide – gefunden hat, die dieses Verhalten schon bei – 190 °C zeigen. Nicht mehr das teure Helium muß man nun zum Kühlen benutzen, sondern es reicht schon der weitaus billigere flüssige Stickstoff aus, um in diesem ungewöhnlichen Material Supraleitung zu erreichen. Eine Revolution auf diesem Gebiet, wenn man sich vorstellt, daß bisher – nach 75 Jahren intensiver Forschung die Sprungtemperatur nur um wenige Grad erhöht werden konnte. Mit den neuen verbesserten Materialien erhöhte sich diese Temperatur um 80 Grad. Ungeahnte Möglichkeiten für die Anwendung der Supraleiter öffnen sich damit – zumal es Hinweise darauf gibt, die Sprungtemperatur zur Supraleitung mit anderen Materialien noch weiter nach oben zu treiben. Das würde die Kühlung weiter verbilligen. Unser Kunststück ist so aufgebaut, daß eine solche Keramik im flüssigen Stickstoff liegt. Wird ein Magnet darübergehalten, so induziert er in der Keramik Wirbelströme (K. 29). Die damit verbundenen Magnetfelder werden aus der Keramik herausgedrängt und sind dem ursprünglichen Magnetfeld entgegengerichtet. Der Magnet wird abgestoßen und schwebt, weil sich ein Gleichgewicht zwischen dem Gewicht des Magneten und der Abstoßung einstellt. Die induzierten Wirbelströme treffen auf keinen elektrischen Widerstand. Sie kreisen verlustfrei und würden das ewig tun – zumindest so lange, bis der flüssige Stickstoff verdampft ist und dann die Temperaturerhöhung die Keramik wieder in den Bereich der Normalleitung zurückbringt.

Tricks und Tips:

Dieses Kunststück ist auch umkehrbar. Dabei wird eine Probe in den supraleitenden Zustand heruntergekühlt. Hält man sie über einen Magneten, so werden Wirbelströme induziert, die so lange kreisen, bis die Sprungtemperatur durch Erwärmung überschritten wird. Die Probe sinkt dann nach unten. Weil mit diesen neuen, supraleitenden Materialien die Kühlung plötzlich so billig geworden ist, werden für die Supraleitung technische Anwendungen interessant. Ein alter Traum ist es, den Strom vom Kraftwerk verlustfrei zum Verbraucher zu leiten. Man müßte dazu die Supraleiter zu Drähten formen und sie in Röhren mit flüssigem Stickstoff unterbringen. Schwierigkeiten bereiten dabei die spröden Keramiken, die sich nicht gut verarbeiten lassen. Die Keramiken müßten eine zehnmal höhere Elastizität zeigen, als heute erreichbar, um sie technisch einsetzen zu können. Außerdem bricht die Supraleitung bei sehr hohen Stromdichten zusammen. Die Elektronenpaare, die so elegant durch das Atomgitter gleiten, werden bei hohen Strömen zu schnell, reißen auseinander und plötzlich ist der elektrische Widerstand wieder da – trotz Kühlung. Die meisten technischen Anwendungen verlangen 10 000–1 000 000 Ampère pro cm^2 – die neuen Supraleiter sind noch 100 bis 10 000 mal von diesen Werten entfernt.

Bei allen Rechnungen über die Wirtschaftlichkeit der supraleitenden Systeme muß beachtet werden, daß ein Teil der Energie von der Kühlung verbraucht wird. Der Sprung vom teuren Helium zum billigeren Stickstoff ist zwar ein Erfolg, jedoch bringt das die Anwendung der Supraleiter aus den geschilderten Gründen zunächst nur einen kleinen Schritt weiter. Denkbar ist eine Magnetschwebebahn, die sich über Aluminiumschienen bewegt. Durch induzierte Wirbelströme (K 23) wird die Bahn angehoben. Der starke Magnet im Triebwagen könnte ein supraleitender Magnet sein, der die Wirbelströme in die Schienen induziert und die Bahn durch das entstehende Magnetfeld schweben läßt. Allerdings ist die Kostenreduktion bei diesem Konzept nicht so dramatisch – das Hebesystem macht nur 1 % der Gesamtkosten aus.

Supraleitende Magneten spielen auch bei der Suche nach neuen Energiequellen eine Rolle. Bei der Kernfusion verschmelzen Atomkerne miteinander. Dabei wird Energie frei. Die Atomkerne sind elektrisch geladen und stoßen sich deshalb ab. Ein starkes Magnetfeld muß sie daher zur Verschmelzung zusammenpressen. Supraleitende Magnete bieten sich dafür an – bis jetzt jedoch gelingt das Kunststück mit der Kernfusion noch nicht.

Im Modell existiert schon der supraleitende Motor. 24 kleine Elektromagneten sind auf einer Aluminiumscheibe montiert. Darunter liegen zwei supraleitende Keramiken in flüssigem Stickstoff. Die Elektromagneten gegenüber

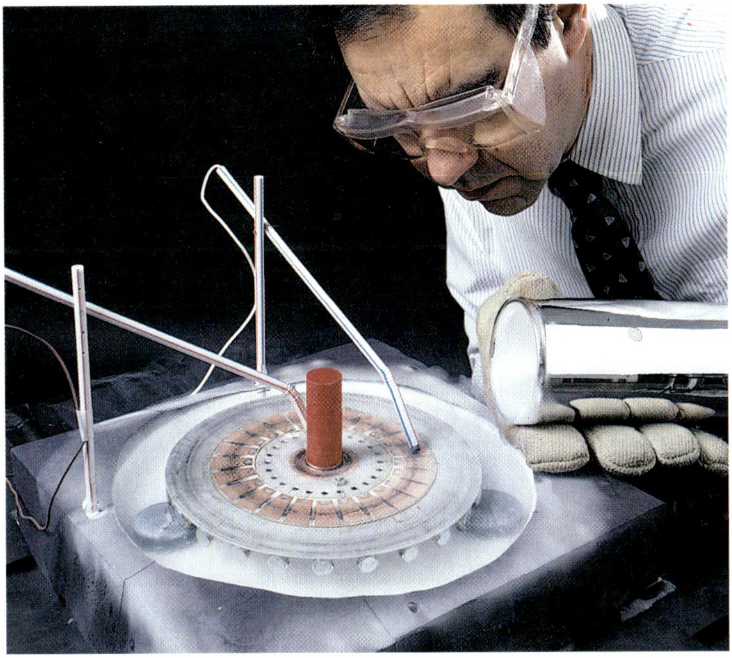

der Keramik werden eingeschaltet – dadurch wird ein Strom induziert, der um die Keramik ein entgegengerichtetes Magnetfeld aufbaut. Die Elektromagneten werden deshalb abgestoßen – die Scheibe dreht sich und beim entsprechenden An- und Ausschalten der Elektromagneten tut sie das kontinuierlich. Besonders wirtschaftlich ist dieser Motor nicht. Aber die Hoffnung liegt in der hohen Magnetfelddichte der supraleitenden Keramiken, die den Elektromotor in weiter Zukunft vielleicht leistungsfähiger macht.

Auch Computer sollen mit Hilfe der Supraleiter schneller rechnen. Die Elektronen, die beim Betrieb eines Computers rasch hin- und herwandern, erzeugen durch den elektrischen Widerstand eine beachtliche Wärme. Die Konstrukteure müssen das beim Bau eines Computers beachten und die Rechenmaschine zur Kühlung in mehreren Ebenen anlegen. Mit den supraleitenden Materialien könnten die Maschinen weitaus kompakter gebaut werden und die Rechenoperationen würden schneller ablaufen.

29

Feuer unter und auf dem Wasser

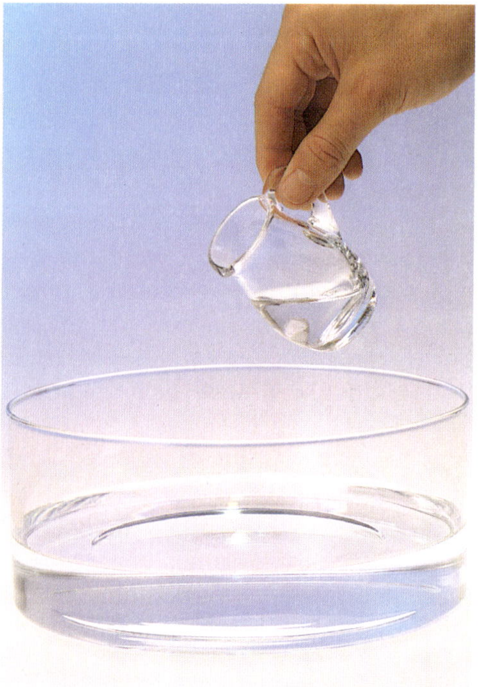

Das Kunststück:

Ein Krug enthält Feuerzeugbenzin. Auf dem Tisch steht ein Gefäß mit Wasser. Schüttet man etwas Benzin in das Wasser, so passiert nichts. Leert man jedoch den Krug vollständig, so beginnt das Gemisch zu brennen. Durch Abdecken des Gefäßes ist dieser Brand leicht zu löschen.

Das knoff-hoff:

So einfach geht das Kunststück nicht. In dem Krug mit dem Benzin befindet sich ein kleines Stück Kalium. Kalium reagiert sehr heftig auf Sauerstoff in der Luft, es verbrennt sofort – deshalb wird es unter Petroleum aufbewahrt.

Und auch im Benzin reagiert das Kalium nicht. Bringt man Kalium jedoch mit Wasser in Berührung, so reagiert es mit dem Sauerstoff des Wassers – es verbrennt.

Beim ersten Guß aus dem Krug achten wir einfach darauf, daß das Kaliumstückchen im Krug bleibt – nichts passiert. Leeren wir jedoch im zweiten Versuch den Krug vollständig, so

rutscht dabei auch das Kaliumstückchen ins Wasser. Es entwickelt sich sofort Wärme, die ausreicht, die Benzindämpfe zu zünden.
Die Flüssigkeit im Glas beginnt zu brennen.

Tricks und Tips:

Es gibt einige chemische Reaktionen, die sich von der Löschkraft des Wassers überhaupt nicht beeindrucken lassen. Die Verbindung mit dem Sauerstoff läuft so heftig ab und es wird so viel Wärme frei, daß das Wasser zum Löschen dabei gar nichts ausrichten kann. Nitrofilme – auf diesem Material hat man früher Filme gedreht – sind ein Beispiel dafür. Unterwasserfackeln enthalten Magnesiumpulver, das sich auch unter Wasser nicht von einer heftigen Reaktion abhalten läßt. Sie sind leicht brennbar, auch wenn man sie unter Wasser hält brennen sie einfach weiter. Im Gemisch ist Sauerstoff vorhanden, so daß die chemische Reaktion der Verbrennung ablaufen kann.

30

Das Spiel mit dem Feuer

Das Kunststück:

Ein alter Lederhandschuh wird über die Hand gezogen und mit etwas Benzin beträufelt. Wenn man den Handschuh anzündet, dann brennt das Benzin lichterloh. Steckt man den brennenden Handschuh schnell unter die Jacke, so verlöscht zur Verblüffung der Zuschauer die Flamme, ohne Schaden anzurichten. Dieses Kunststück erfordert allerdings äußerste Vorsicht und auch die Bereitstellung von Löschmitteln. Kunststoffhemden oder -jacken dürfen dazu nicht verwendet werden.

Das knoff-hoff:

Es brennen die Benzindämpfe dicht über dem Lederhandschuh. Die Hitze dringt in der kurzen Zeit nicht bis zur Hand vor – deshalb gibt es dort keine Verbrennungen. Unter der Jacke preßt man den brennenden Handschuh dicht an den Körper und unterbricht mit der Jacke die Sauerstoffzufuhr. Dadurch verlöscht die Flamme blitzschnell – ohne die Wolle oder das Leinen des Hemdes oder der Jacke zu verbrennen. Das totale Abschneiden des Luftstromes ist äußerst wichtig! Erfahrene Feuerkünstler halten den brennenden Handschuh nur kurz unter die Jacke – dann brennt er beim Herausziehen weiter. Dieses geplante Mißgeschick wird erst beim zweitenmal durch genügend langen Luftabschluß korrigiert.
Auch ein Wundertopf funktioniert mit der Unterbrechung der Sauerstoffzufuhr. Er ist als Ölwanne in der Werk-

statt gedacht. Sollte das Öl zu brennen anfangen, so läßt ein Bimetallverschluß am Deckel diesen einfach zuklappen. Die Flamme verlöscht, weil im Inneren kein Sauerstoff mehr zum Verbrennen zur Verfügung steht.

Tricks und Tips:

Mit dieser Methode das Feuer zu löschen, indem die Sauerstoffzufuhr unterbrochen wird, können viele Brände an der Ausbreitung gehindert werden. Wenn der Adventskranz auf dem Tisch brennt, kann man diesen Brand löschen, indem man die Jacke oder eine Decke über den Brandherd wirft.

Wasser hilft nicht immer, Brände zu löschen. Das zeigt dieses Beispiel. Auf einen mit Wasser gefüllten Blechbehälter wird etwas Benzin gegossen und angezündet. Wenn man jetzt Wasser darauf sprüht, beginnt die langsam vor sich hin lodernde Flamme plötzlich lichterloh zu brennen. Das Wasser verteilt das Benzin erst richtig, mehr Sauerstoff kann an das Benzin gelangen und deshalb brennt es beim Löschen mit Wasser sogar noch besser! Erst eine Decke über den Metalltopf geworfen löscht diesen Brand. Wasser löscht ja normalerweise ein Feuer, weil es durch die Hitze in den dampfförmigen Zustand gebracht wird. Dabei entzieht es dem Brandherd Energie und kühlt ihn soweit ab, daß die Verbrennungstemperatur unterschritten wird. Bei Benzin ist jedoch die Brenntemperatur so hoch, daß das Absenken der Temperatur durch das Löschen mit Wasser nicht ausreicht.

31

Sehen wie ein Fisch

Das Kunststück:

Eine Münze wird auf dem Boden einer Schüssel befestigt und die Schüssel so weit weggeschoben, daß die Münze gerade vom Schüsselrand verdeckt wird. Schütten Sie jetzt Wasser in die Schüssel, so wird die Münze plötzlich sichtbar.

Das knoff-hoff:

Selbst wenn Materialien durchsichtig sind, können sie das Licht beeinflussen. Durchläuft ein Lichtstrahl zwei durchsichtige Medien mit unterschiedlicher optischer Dichte, wie z. B. Wasser und Luft, so wird er auf seinem Weg „gebrochen". Der Brechungsindex gibt das Maß dieser „Brechung" oder Wegveränderung an. Kommt der

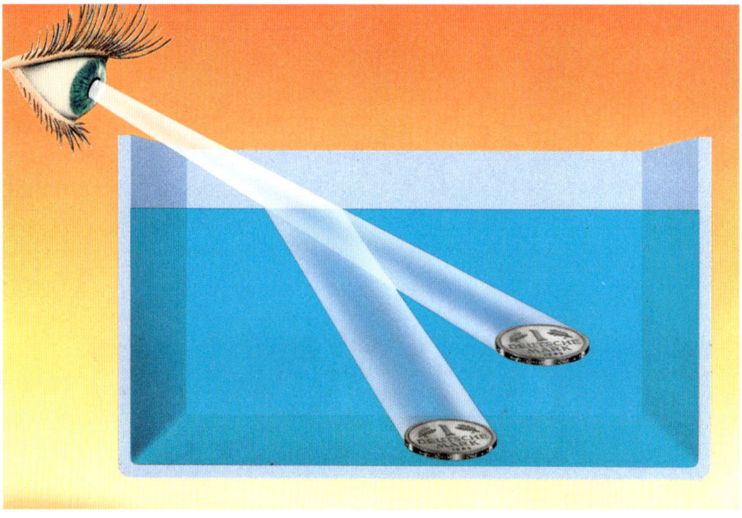

Die Strahlen zeigen, wo die Münze liegt und wie wir sie sehen.

Lichtstrahl aus dem Wasser – z. B. das Bild der Münze – und gelangt durch die Luft zu unserem Auge, so erscheint uns alles etwas angehoben und verkürzt – deshalb wird die Münze plötzlich sichtbar. Den gleichen Effekt können wir beobachten, wenn ein Bleistift im Wasser steht. Nachteile hat das beim Fischefangen, denn die Fische erscheinen durch diesen Effekt nie an dem Ort, an dem man sie von oben

sieht. Erfahrene Speerfischer z. B. können diesen Unterschied abschätzen und werfen ihren Speer mit einer Korrektur auf die Beute unter Wasser. Auch beim Tauchen mit einer Maske muß man die unterschiedliche Lichtbrechung in Rechnung stellen. Weil sich ja in der Maske Luft befindet, wird der Lichtstrahl gebrochen. Alles erscheint um etwa ein Drittel größer und näher.

Tricks und Tips:

Die Brechung, die das Licht erfährt, wenn es von Luft ins Wasser läuft, hat auch seine guten Seiten. Dadurch können wir scharf sehen. Die Lichtstrahlen aus der Luft werden in unserer Augenlinse, die ja eine Flüssigkeit enthält, gebrochen und dadurch ist es möglich, die Abbildung auf den Augenhintergrund scharf zu stellen. Die Wirkung einer Linse kann durch dieses Kunststück gezeigt werden. Eine hohle Linse wird unter Wasser gehalten. Die Lichtstrahlen werden gebrochen und konzentrieren sich in einem Brennpunkt, was ja für das Scharfsehen wichtig ist.

Wenn wir die Linse mit Wasser füllen, hebt sich diese Brechung auf, die Lichtstrahlen werden parallel. Das ist verständlich, weil ja jetzt innen und außen Wasser mit demselben Brechungsindex vorhanden ist. Und genau so geht es unserer Augenlinse, wenn wir unter Wasser sehen wollen.

Weil dieser Unterschied im Brechungsindex unter Wasser – beim Tauchen ohne Taucherbrille – nicht existiert, kann man unter Wasser mit nacktem Auge nicht scharf sehen. Zwar können wir die Krümmung der Augenlinse verändern und dadurch „scharfstellen" – der Löwenanteil der Lichtbrechung kommt jedoch von der Grenzfläche zwischen Luft und dem Wasser in der Linse. Weil bei Kurzsichtigen die Brechkraft des Auges zu groß ist und das Bild vor der Netzhaut entsteht, können sie unter Wasser besser sehen als in der Luft.

Fische haben sich mit ihren Augen auf die Situation unter Wasser eingerichtet. Ihre Linse ist kugelrund und konzentriert deshalb die Lichtstrahlen besonders gut. Weil die Linse nicht stärker gekrümmt werden kann, schiebt der Fisch zusätzlich seine „Linsenkugel" zum Scharfstellen hin und her. Dadurch findet er die richtige Brennweite zum Augenhintergrund.

Es gibt Fische, die ihre Beute über Wasser finden – also dort scharf sehen müssen. Gleichzeitig ist es wichtig, den Raum unter Wasser zu beobachten, um nach Feinden Ausschau zu halten. Dieses Problem wurde beim

Durch die Lichtbrechung an der mit Flüssigkeit gefüllten Augenlinse kommt es zur „scharfen" Abbildung auf der Netzhaut.

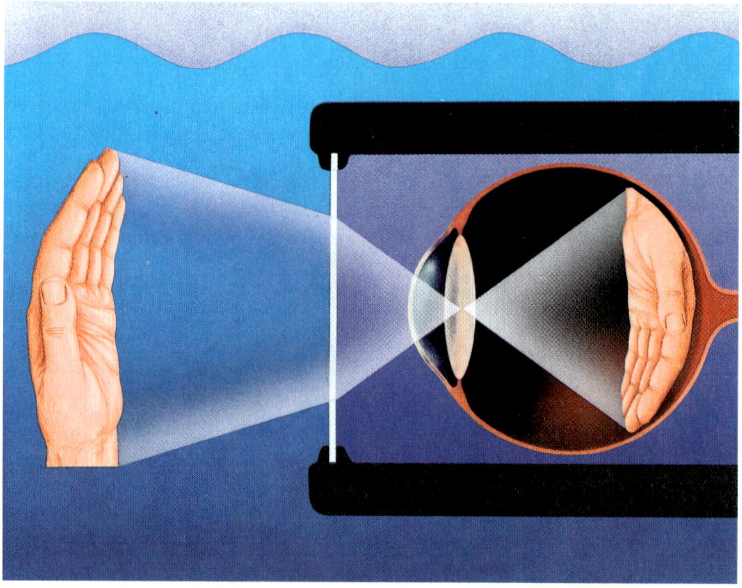

Mit einer Taucherbrille sieht man unter Wasser alles um etwa ⅓ größer. Die Lichtstrahlen werden an den verschiedenen Grenzflächen gebrochen. Der „Sehwinkel" vergrößert sich dadurch – die Gegenstände scheinen näher zu sein, als in Wirklichkeit.

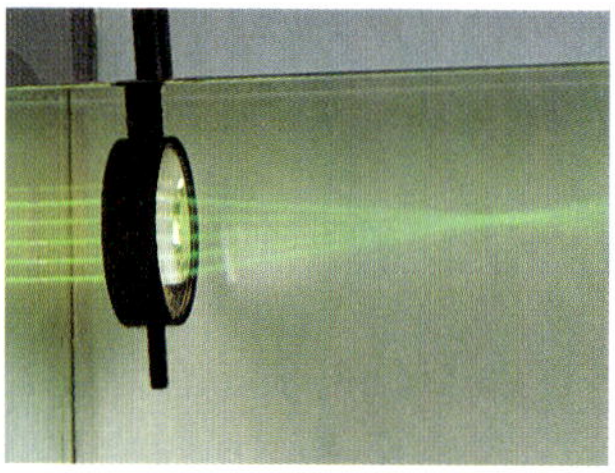

Die Linse unter Wasser ist mit Luft gefüllt. Deshalb werden die Lichtstrahlen zum Brennpunkt hin „gebrochen".

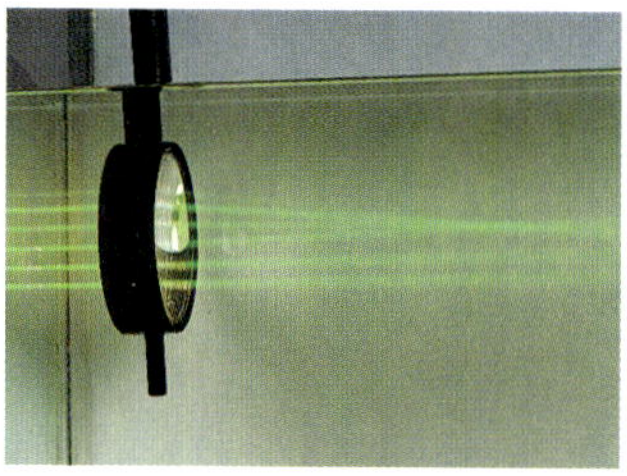

Füllt sich die Linse mit Wasser, so fehlt der Unterschied zwischen Luft und Wasser . . .

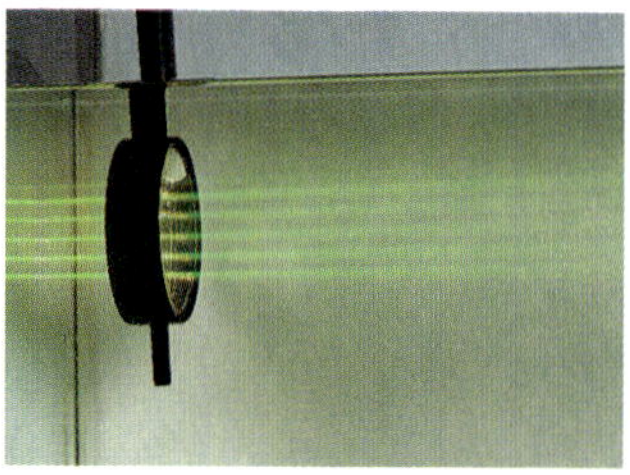

. . . die Lichtstrahlen passieren dann die Linse nahezu unbeeinflußt.

Vieraugenfisch elegant gelöst, er hat sein Auge „halbiert“, in einem Auge befinden sich eigentlich zwei. Ein Augenhintergrund ist an die Beobachtung in der Luft adaptiert, der andere Teil des Auges für die Beobachtung unter Wasser.

Der Schützenfisch löst dieses Problem auf andere Weise. Er schießt sich seine Beute in der Luft. Dazu spuckt er einen Wasserschwall auf Insekten. Getroffen fallen sie ins Wasser und können vom Schützenfisch gefressen werden. Genauso wie ein Fischjäger die Täuschung durch die Lichtbrechung ausgleichen muß, hat es der Schützenfisch gelernt, aus dem Wasser sein Ziel anzupeilen und trotz der verschiedenen Medien Luft und Wasser sein Ziel zu treffen.

Auch beim Sonnenuntergang ist etwas von der Lichtbrechung zu beobachten. Die Strahlen vom unteren Rand der untergehenden Sonne laufen länger durch die Erdatmosphäre und werden deshalb stärker gebeugt als die Strahlen vom oberen Teil der Sonne.

Dieser Fisch beobachtet mit einer Hälfte des Auges das Gebiet über Wasser – mit der anderen kann er gleichzeitig unter Wasser sehen.

Der Schützenfisch schießt mit einem Wasserstrahl eine Fliege ab.

Die Sonne erscheint uns durch die verschieden langen Wege der Lichtstrahlen durch die Atmosphäre deformiert.

32

Der Stab mit der Tarnkappe

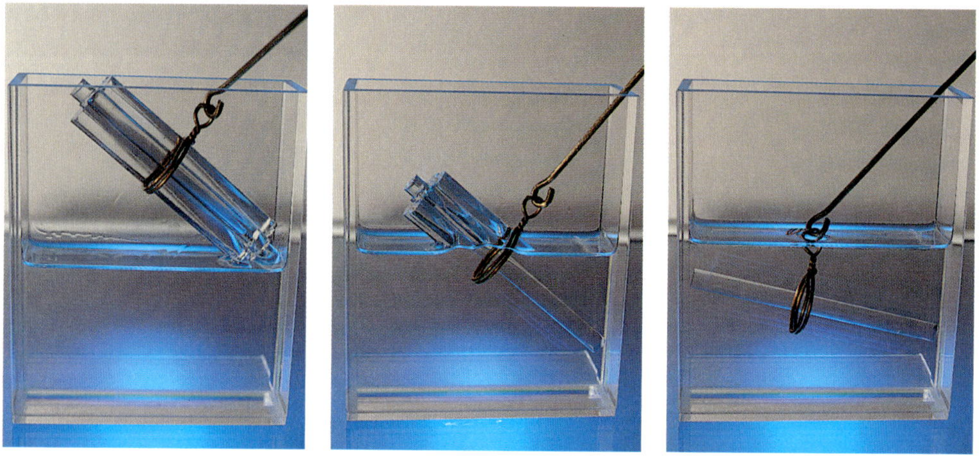

Das Kunststück:

Ein Plexiglasstab wird in Wasser gehalten. Obwohl der Stab durchsichtig ist, kann man ihn im Wasser gut erkennen. Halten wir ihn aber in ein Glas mit Benzol, so scheint das in die Flüssigkeit getauchte Ende unsichtbar zu werden. Das Kunststück kann auch mit einem Bündel aus Glas- und Plexiglasstäben vorgeführt werden. Im Wasser sind alle Stäbe zu sehen, im Benzol verschwinden die Plexiglasstäbe – die Glasstäbe bleiben aber sichtbar.

Das knoff-hoff:

Wenn etwas durchsichtig ist, kann man es mit unserem Auge dennoch erkennen; denn die Wege der Lichtstrahlen, die durch das durchsichtige Material laufen, werden verändert. Glas z. B. besitzt eine andere optische Dichte – oder Brechungsindex – als Wasser (K 34). Benzol jedoch hat dieselbe optische Dichte wie der Plexiglasstab, obwohl Benzol flüssig und das Plexiglas fest ist. Der Lichtstrahl wird beim Durchdringen vom Benzol zum Plexiglas nicht verändert. Deshalb ist für uns das Plexiglas im Benzol unsichtbar.

Das Kunststück wird plausibel, wenn man Wasser in Wasser schüttet. Auch hier können wir im Gemisch keine Unterschiede feststellen.

Tricks und Tips:

Dieses Kunststück können Sie auch mit anderen durchsichtigen Materialien durchführen. Die optische Dichte der Flüssigkeit muß notfalls durch Hinzumischen dem Brechungsindex des festen Materials angepaßt werden. Ein gutes Beispiel ist das Kunststück mit dem Wollfaden. Im Xylol ist der Wollfaden gut zu sehen – ein Faden aus Acryl jedoch – beim Betrachten in der Luft vom Wollfaden kaum zu unterscheiden und deutlich zu erkennen – wird im Xylol unsichtbar. Acryl besitzt den gleichen Brechungsindex wie Xylol.

Solche Tricks benützt man z. B., um Diamanten auf ihre Echtheit zu prüfen. Eine Fälschung aus Glas besitzt den gleichen Brechungsindex wie Schwefelkohlenstoff. Das Glas verschwindet also beim Eintauchen in diese Flüssigkeit. Ein echter Diamant besitzt jedoch eine sehr große optische Dichte und ist deshalb im Schwefelkohlenstoff gut zu erkennen.

Der Wollfaden ist im Xylol gut zu erkennen – ebenso der Acrylfaden in der Luft.

Beim Eintauchen in Xylol „verschwindet" der Acrylfaden.

33

Strom durch Wärme

Das Kunststück:

Zwei Metalle sind zusammengelötet – das eine Ende wird in einem Wasserglas gekühlt – das andere erhitzt. Nach kurzer Zeit kann man ein Gewicht in die Nähe des Metalls bringen – und es bleibt dort „kleben".

Das knoff-hoff:

Elektrischen Strom kann man auf verschiedene Weise erzeugen. Wenn Sie zwei Drähte zusammenlöten – z. B. einen Kupfer- und einen Konstantandraht, die eine Kontaktstelle in einem Glas mit Eiswürfeln kühlen und die andere erhitzen, können Sie auf einem dazwischengeschalteten Meßgerät erkennen, daß eine elektrische Spannung entsteht. Die Elektronen aus dem einen Metall fließen in das andere – die Energie dazu entnehmen sie der Hitze der Flamme. Wichtig für die Spannungsdifferenz ist die gekühlte

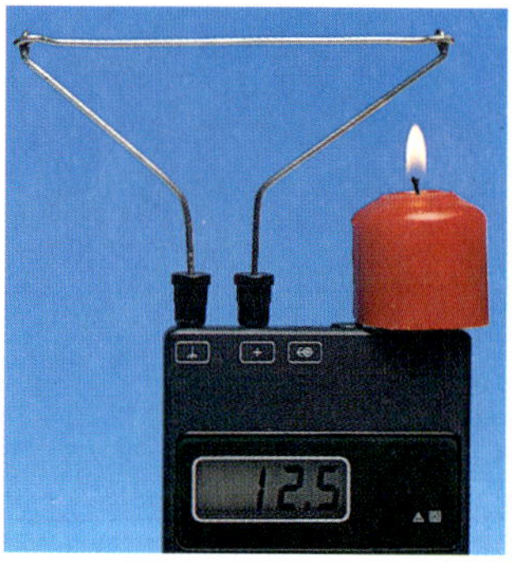

Beim engen Kontakt zweier unterschiedlicher Metalle dringen Elektronen von dem einen Metall in das andere. An beiden Kontaktstellen geschieht das mit der gleichen Intensität – deshalb ist die elektrische Spannung zwischen den beiden Stellen gleich Null.

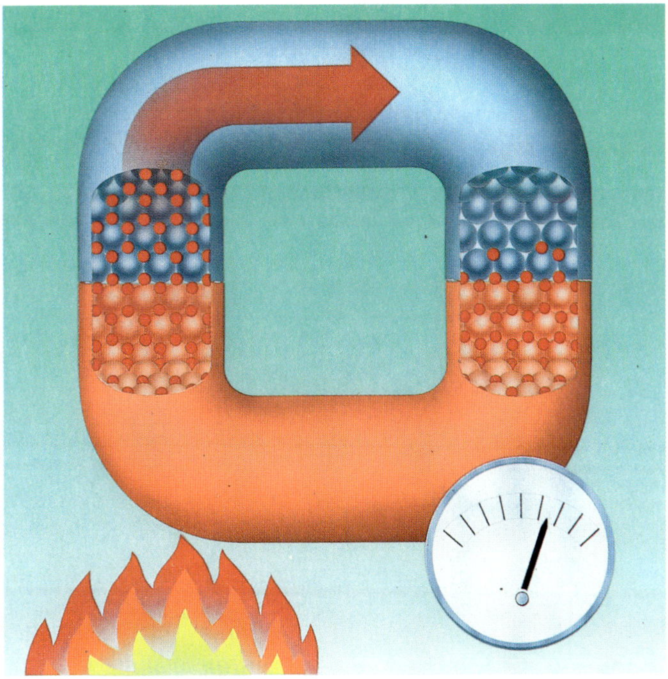

Wird die eine Kontaktstelle erwärmt, so dringen an dieser Stelle mehr Elektronen in das Metall. Eine elektrische Spannung ist jetzt meßbar.

zweite Kontaktstelle der Metalle; denn besitzen beide Kontaktstellen dieselbe Temperatur, so stellt sich ein Gleichgewicht zwischen den Elektronen an beiden Berührungspunkten ein. Gerade die unterschiedliche Elektronenkonzentration an den beiden Lötstellen macht aber die elektrische Spannungsdifferenz aus. Deshalb muß man mit Wärme die Elektronen „heraustreiben". Die erzeugten Spannungen sind nicht sehr hoch, sie liegen im Millivoltbereich. Dennoch, wenn man das richtige Material auswählt und auch durch die Dicke der Leiter den elektrischen Widerstand niedrig hält, können beachtliche Ströme von 100 Ampere fließen. Und das ist auch die Erklärung für unser Kunststück. Die Metalle sind als Thermoelement verlötet und durch sie fließt ein elektrischer Strom. Die dabei entstehenden Magnetfelder ziehen das Gewicht aus Eisen an. Unterbrechen wir die Erwärmung, so fällt das Gewicht einfach herunter.

Besonders eindrucksvoll ist dieses Kunststück mit einer Weltkugel aus zwei Metallen. Die eine Kontaktstelle wird mit einer starken Lampe erhitzt, die Rückseite bleibt kühl – die Voraussetzungen also für ein Thermoelement. Der fließende elektrische Strom baut wieder ein Magnetfeld auf, das sich an dem Permanentmagneten abstößt. Die Kugel beginnt sich zu dre-

Ansicht einer Uhr mit Thermoelementen.

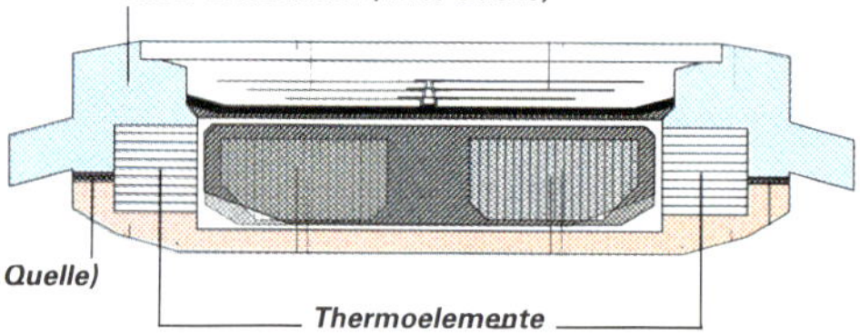

Im Querschnitt sind der warme Teil (rot) und die gekühlte Oberseite dargestellt. Die Thermoelemente liefern den Strom in den Batteriespeicher.

Der Kühlschrank mit Thermoelementen.

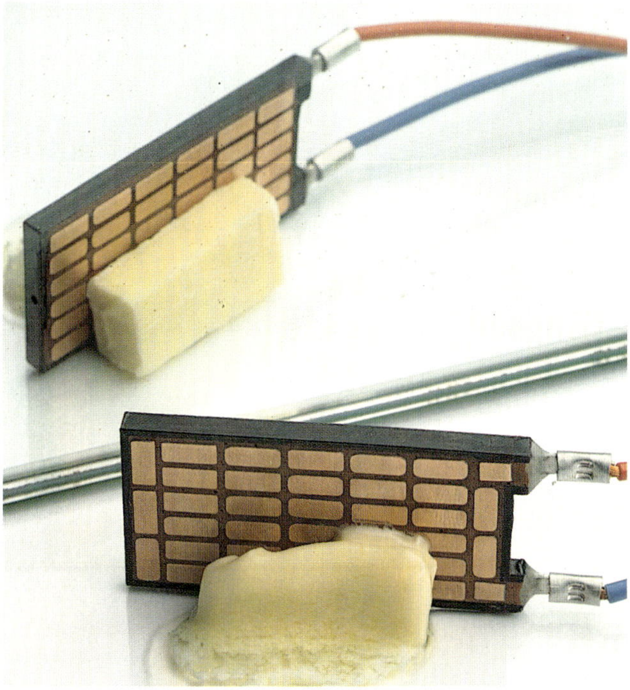

Fließt durch ein Thermoelement ein Strom, so erwärmt sich die eine Seite – die Butter schmilzt. Mit einem Spiegel kann man gleichzeitig die Rückseite beobachten, die sich abkühlt.

hen. Eine neue Stelle wird durch die Lampe erhitzt – die Erde bewegt sich auf diese wunderbare Weise.

Tricks und Tips:

Angewendet wird so ein Thermoelement als Thermometer. Denn einer bestimmten elektrischen Spannung kann man ja – bei entsprechender Eichung – eine definierte Temperatur zuordnen.
Auch eine Uhr läßt sich mit Thermoelementen antreiben. Der obere Teil des Gehäuses ist dabei die gekühlte Seite. Eine Kunststoffschicht isoliert ihn von der Bodenplatte, die beim Tragen der Armbanduhr mit der Körperwärme (37 °C) in Kontakt kommt. Zwischen Ober- und Unterteil der Uhr entsteht so ein Temperaturunterschied von 5–7 °C. Mit Halbleitermaterialien anstelle von Metallen läßt sich die Thermospannung erhöhen. Die 700 Thermoelemente in 4 Modulen erzeugen bei dieser Uhr etwa 200 m V. Selbstverständlich funktioniert die Uhr nur mit einem Zwischenspeicher kontinuierlich.

Wie so oft in der Natur ist dieser Prozeß auch umkehrbar. Wird das Meßgerät in unserer Grafik durch eine Stromquelle ersetzt, so erwärmt der jetzt fließende elektrische Strom die eine Kontaktstelle, die andere kühlt jedoch ab. Mit den entsprechenden Stromstärken ist es möglich, dadurch einen Kühlschrank zu bauen. Das wird auch gemacht – solche Kühlschränke findet man z. B. in Eisenbahnen.
Auf dem Foto ist zu sehen, wie beim Fließen eines elektrischen Stromes die Butter auf der einen Seite schmilzt und auf der anderen gefriert.

34

Das Spiel mit den Wunderkugeln

Das Kunststück:

Kleine Kunststoffperlen werden auf ein feinmaschiges Drahtnetz gelegt und über Wasserdampf gehalten. In wenigen Sekunden blähen sich diese Kunststoffkügelchen auf – vervielfachen ihr Volumen – und vor uns liegt ein Berg aus weißen Kugeln. Dieses erstaunliche Experiment kann man nicht mit beliebigen Kunststoffkugeln machen. Was treibt unsere Kugeln so auf?

Das knoff-hoff:

Diese Kunststoffkugeln bestehen aus Polysterol und sie sind zusätzlich mit einem Treibmittel versetzt. Beim Erwärmen dehnt sich das in ihnen vorhandene Gas – Pentan – aus und bläst die Kügelchen auf. Das Volumen einer Kugel vergrößert sich um das 50fache. Nach dem Abkühlen behalten die Polysterolkugeln ihre Form – wir haben Schaumstoff erzeugt. Diese Schaumstoffe werden immer häufiger einge-

Polysterolkugeln vor und nach dem Aufschäumen.

Die Mikrostruktur einer aufgeschäumten Polysterolkugel.

Der berühmte „Hamburger" scheint auch über den Müllberg erstaunt zu sein, den er mit verursacht.

setzt – z. B. als Isolierplatten oder Verpackungsmaterial. Nicht immer erscheint die Anwendung sinnvoll und als Verpackungsmaterial verwendet, entsteht viel Müll.
Schnellnahrung wird in diesen Kunststoffen angeboten – Millionen aufgeschäumter Packungen kommen so in die Umwelt. Die Verpackung dient nicht allein dem Vorteil des Kunden; denn der größte Teil dieser Kunststoffe wird in den Müllanlagen verbrannt. Bei unvollständiger Verbrennung können dadurch giftige Stoffe entstehen, die in die Atmosphäre gelangen.
Ein weiterer Nachteil ist, daß nicht alle Polysterole mit Pentan geschäumt werden, sondern auch mit chlorierten Kohlenwasserstoffen. Diese Gase sind äußerst reaktionsträge, deshalb benutzt man sie ja auch bei der Herstellung der Schaumstoffe. Chlorierte Kohlenwasserstoffe verursachen einen Abbau der Ozonschicht, die uns ja in 20–50 km Höhe vor der gefährlichen UV-Strahlung schützt. Erst jetzt beginnt man die Gefahr ernst zu nehmen und strebt Veränderungen an.

Tricks und Tips:

Häufig wird bei der Produktion schon das Treibgas zum Aufschäumen in den Kunststoff eingelagert. Beim Erhitzen begrenzen Metallformen die Ausdehnung der Kunststoffkugeln, so daß damit geometrisch beliebig geformte Teile herzustellen sind. Beim Aufschäumen verkleben die Kügelchen miteinander und erstarren beim Abkühlen. Die gewählte Form bleibt deshalb erhalten. Die ganze Pracht kann man sehr einfach mit Ester zerstören. Auf Polysterol geschüttet löst sich der Kunststoff in wenigen Sekunden auf.

Ester zersetzt Polysterol.

Das ist jedoch keine Lösung für das Müllproblem, denn die Moleküle des Kunststoffes befinden sich ja immer noch im Ester und Ester ist keine umweltfreundliche Chemikalie. Polysterol wird nicht biologisch abgebaut – es besteht aus ringförmig angeordneten Kohlenstoffatomen, die keine Angriffsfläche für die Mikroorganismen bieten. Warum viele Kunststoffe so leicht den Verrottungsstrategien der Natur widerstehen, liegt an der enormen Länge der Molekülketten, aus denen sie aufgebaut sind. Die Mikroorganismen in der Natur können erst bei kurzen Molekülketten angreifen. Deshalb die riesigen Müllberge aus Kunststoff.

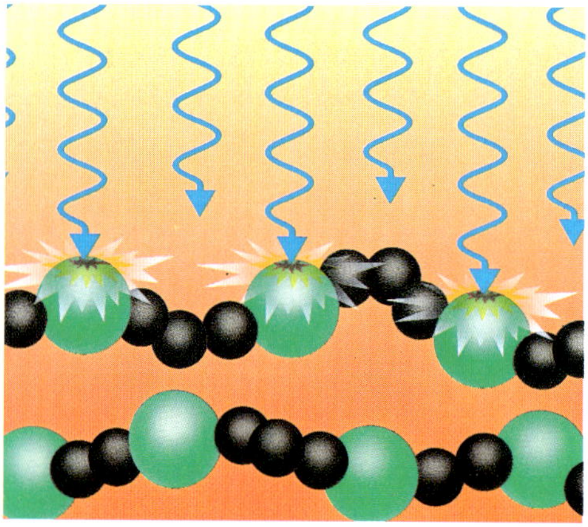

UV-Strahlen zerstören die in den Molekülketten eingebauten „Sollbruchstellen".

Der Kunststoff zerfällt im Sonnenlicht zu kleineren Ketten, die von den Mikroorganismen leichter angegriffen werden können.

Zeitrafferaufnahmen von einer Schale aus dem neuen Kunststoff, der sich in 6 Wochen unter UV-Licht zersetzt.

In Kanada wurde ein Kunststoff entwikkelt, der gezielt Sollbruchstellen für die Kunststoffmoleküle eingebaut hat. Plastiktüten können daraus gefertigt werden, die im Sonnenlicht nach wenigen Wochen zerfallen. In die herkömmlichen Molekülketten sind Teilstücke (Polyketone) untergebracht, die empfindlich gegenüber dem ultravioletten Anteil des Sonnenlichtes sind. Die UV-Strahlung zerstört diese Bindeglieder, so daß die lange Molekülkette in biologisch angreifbare Längen zerfällt. Werden die Plastiktüten weggeworfen, so löst sich der Kunststoff im Sonnenlicht auf. Für die Verpackung von Getränken allerdings kann man diesen Kunststoff nicht einsetzen; denn sind die Flaschen dem Sonnenlicht ausgesetzt – zerfallen sie – auch wenn sie noch nicht verkauft und ausgetrunken wurden. Wird der Kunststoff vergraben, kann allerdings das UV-Licht seine Wirkung nicht entfalten. Welche Endprodukte beim biologischen Abbau letztendlich entstehen, ist noch unklar. Nach der Wunschvorstellung der Hersteller sollen die organischen Molekülketten zu Wasser und Kohlendioxid umgewandelt werden. Aber untersucht wurde das bisher noch nicht.

35

Wie man sich Feuer aus den Fingern saugt

Das Kunststück:

Den Daumen tauchen wir in rotes Pulver (roter Phosphor) und den Mittelfinger in weißes (Kaliumchlorat). Beide Finger werden zusammengedrückt und dann schnippt man mit den Fingern. Eine kleine Verpuffung entsteht – ein Blitz und eine Rauchwolke. Macht man das geschickt, verbrennt man sich nicht die Finger. Die beiden Substanzen muß man sehr dünn und gleichmäßig auf die Finger bringen.

Das knoff-hoff:

Das Kaliumchlorat besitzt viel Sauerstoff. Der rote Phosphor reagiert heftig mit diesem gebundenen Sauerstoff – Hitze und Licht werden dabei frei. Die Reibungswärme der beiden Finger reicht aus, um die chemische Reaktion zu starten. Wie wichtig die richtige Dosierung des Sauerstoffs ist, sieht man an dem folgenden Kunststück: In einem feuerfesten Becherglas befindet sich etwas Benzin. Mit einem Gasanzünder werden direkt über der Benzinoberfläche Funken erzeugt – nichts passiert. Zündet man etwas höher, am Rand des Glases, beginnt das Benzin sofort zu brennen. Hier sind die Sauerstoffteilchen der Luft mit den Benzinteilchen gut gemischt. Unten – im überfetteten Gemisch – wo kaum Sauerstoff zur Verfügung steht, kommt die Kettenreaktion zwischen den Benzin- und Sauerstoffteilchen – die Verbrennung – nicht in Gang.

Der Benzindampf im Glas entzündet sich nicht . . .

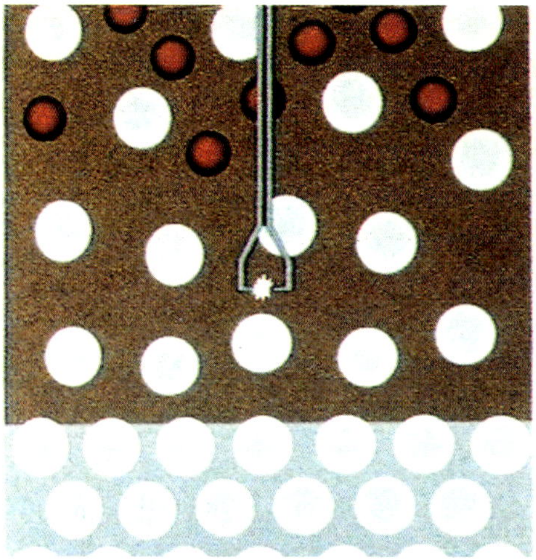

. . . zu wenig Sauerstoffteilchen stehen im dichten Benzindampf zur Verfügung . . .

. . . erst am oberen Rand – wo der Sauerstoff für die Verbrennung vorhanden ist – kann man das Benzin-Luft-Gemisch zünden.

Tricks und Tips:

Dieses Kunststück ist übrigens für Motorenbauer wichtig, denn sie müssen ja auch eine möglichst effektive Explosion im Motorraum erreichen. Schon allein die Form des Verbrennungsraumes beeinflußt die Verbrennung im Motor.

Und noch ein eindrucksvolles Kunststück ist mit Benzin möglich. In einen Trichter wird ein mit Benzin getränkter Lappen gelegt. Der Trichter ist mit einem 3 m langen durchsichtigen Schlauch verbunden. Am Ende des Schlauches befindet sich eine brennende Kerze. Nach einiger Zeit zündet das Benzingemisch am unteren Ende – die Flamme läuft rasch durch den Schlauch und schießt den Lappen nach oben. Dieses Kunststück zeigt, daß Benzindämpfe schwerer als Luft sind und nach unten fallen. Erreichen sie die Kerze, beginnt die chemische Reaktion der heftigen Verbrennung. Wir zeigen diesen Trick mit einer Benzinrutsche. Oben befindet sich das Benzin. Die Benzindämpfe fallen langsam zur Kerze und zünden, wie eine Zündschnur, das Benzin in der Wanne.

Nicht etwa das flüssige Benzin läuft die Rutsche hinunter, sondern allein die Benzindämpfe „kriechen" langsam zur Kerzenflamme. Sie dienen als „Zündschnur" für das Benzin im oberen Behälter.

36

Linien mit Informationen

Das Kunststück:

Auf die beigelegte Folie sind schwarze Linien gedruckt. Legen Sie die Folie auf die nächsten Seiten und schieben sie hin und her, so bewegen sich plötzlich die Räder des Fahrrads. Auf dem abgebildeten Rücken sehen Sie durch die Folie Kreise an den Schultern und auf dem runden Hinterteil. Wie kommen diese kreisförmigen Figuren zustande, wenn doch die Ausgangsfigur aus geraden Strichen bestehen?

Das knoff-hoff:

Die Figuren, die Sie gerade beobachten, heißen „Moiré-Muster". Früher haben die Franzosen die Feinheit der China-Seide durch das Übereinanderlegen von zwei Seidenbahnen geprüft. Aus den entstehenden Figuren konnten sie auf die mehr oder weniger feine Webstruktur der Stoffe schließen. Wenn Sie feine Gardinenstoffe vor dem Fenster haben, können Sie direkt Moiré-Muster beobachten. Die Linien der Stoffe überlagern sich dabei, wie bei unserer Folie.

In unserer Abbildung sind die Linien der gezeichneten Figuren nicht gerade. Sie wurden auf eine Wölbung projiziert und dann abgedruckt. Damit simulieren wir bei der Abbildung des

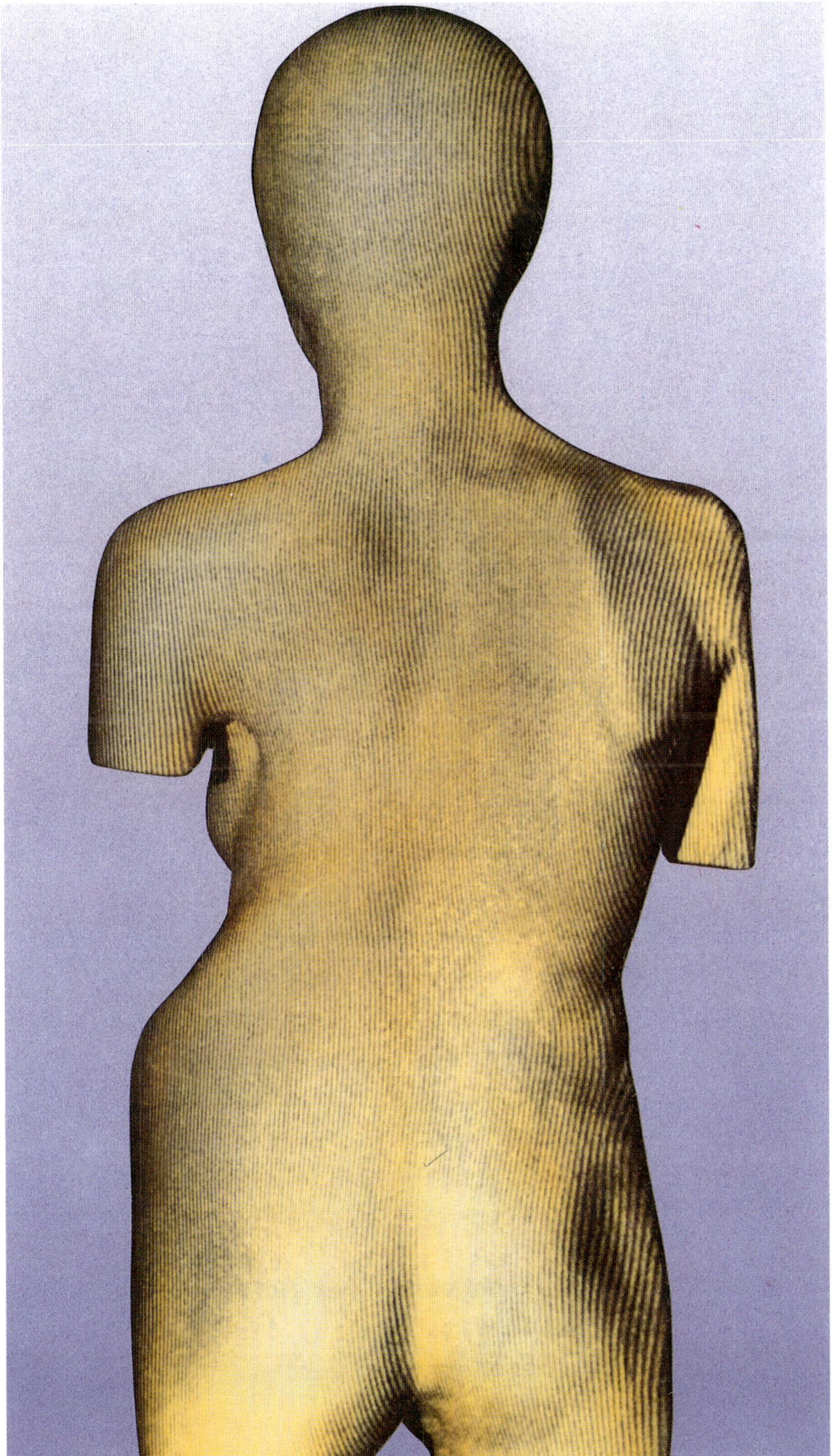

Durch die Folie betrachtet, scheint sich – durch leichtes Verschieben der Folie – das Fahrrad zu bewegen.

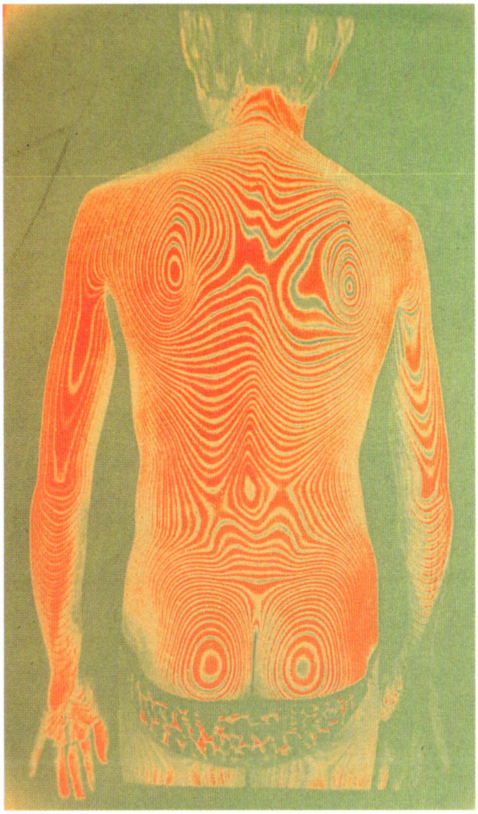

Moiré-Linien machen den „schiefen" Rücken sichtbar.

Die Verformungen eines schwingenden Geigenkörpers werden durch die Moiré-Linien sichtbar.

Rückens den Linienverlauf, der entsteht, wenn ein feines Gitter auf einen echten Rücken projiziert wird. Die leicht verschobenen Linien überlagern sich mit den geraden Linien auf der Folie. Einige Bereiche füllen sich dadurch vollständig mit Schwarz aus, andere lassen Lücken und zeigen Weiß. Aus dem Verlauf dieser Muster kann man rechnerisch auf Erhöhungen und Vertiefungen schließen.

Tricks und Tips:

Wichtig sind die Ausmessungen dieser „Höhenlinien" in der Medizin. Sind die Moiré-Muster nicht symmetrisch, so ist die Körperhaltung nicht in Ordnung. Aus dem Muster kann man den Grad der Schiefstellung bestimmen. Auch die Form von Fußsohlen oder Zähnen ist mit Moiré-Figuren darstellbar.

Zur Materialprüfung kann man die Moiré-Linien ausnutzen. Dabei werden z. B. Kanister aus einer bestimmten Höhe fallen gelassen. Auf das Objekt wird ein Gitter projiziert und mit einem zweiten geraden Referenzgitter überdeckt. Mit den entstehenden Moiré-Figuren werden die Verformungen sichtbar. Bezirke starker Belastung sind so zu registrieren.

Bei all diesen Aufnahmen reicht es aus, das Gitter auf das zu untersuchende Objekt seitlich versetzt zu projizieren. Die entstehenden Schattenlinien werden in der Durchsicht mit den realen Linien des Gitters überlagert, so daß dadurch die Moiré-Figuren sichtbar werden.

37

Bauteile für den Menschen

Das Kunststück:

Wie Sie mit den Füßen beim Gehen den Boden berühren, ist nicht nur für einen festen Gang wichtig, sondern auch für das gesamte Knochengerüst Ihres Körpers. Gehen Sie nicht so, wie es die Natur eingerichtet hat, oder sind Ihre Füße so geformt, daß sie zu flächig oder zu wenig den Boden berühren, haben Sie einen Platt- oder Hohlfuß. Mit den Jahren kann es zu Rükkenschmerzen kommen. Wie Sie Ihre Füße aufsetzen, ist leicht sichtbar zu machen. Eine Metallplatte ermöglicht das.

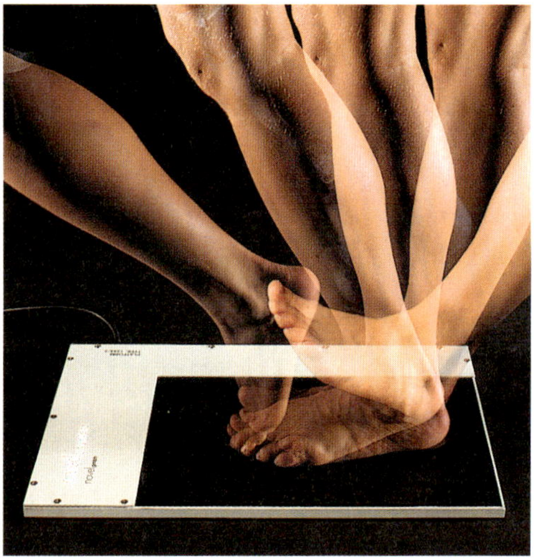

Das knoff-hoff:

In dieser Platte befinden sich sehr viele kleine Sensoren, die auf Druck reagieren. Diese Elemente bestehen aus kleinen Kondensatoren, die, je nachdem wie stark sie zusammengedrückt werden, eine mehr oder weniger große elektrische Spannung anzeigen. Je dichter man diese Sensoren anordnen kann, um so detaillierter ist die Darstellung der Druckverteilung. Auch beim Sitzen ist die richtige Haltung wichtig. Mit einer Matte aus Sensoren ist die Belastung zu messen. Mit diesen Informationen können z. B. gezielt neue Stuhlformen entwickelt werden.

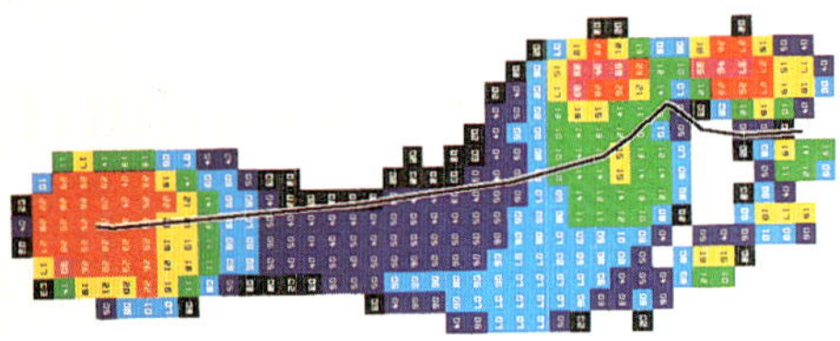

Tricks und Tips:

Die Sensoren, die der Mensch mit technischen Hilfsmitteln entwickelt, sind bei weitem nicht so leistungsfähig wie die Sensoren der Natur. Manchmal aber ist so ein Sensor auch

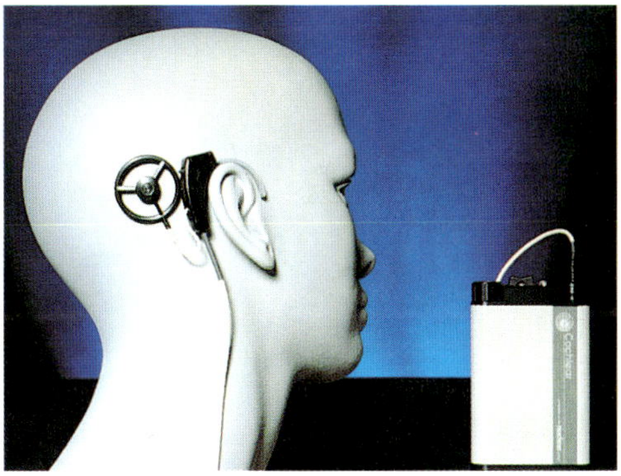

Der Kasten rechts übernimmt die elektronische Sprachverarbeitung.

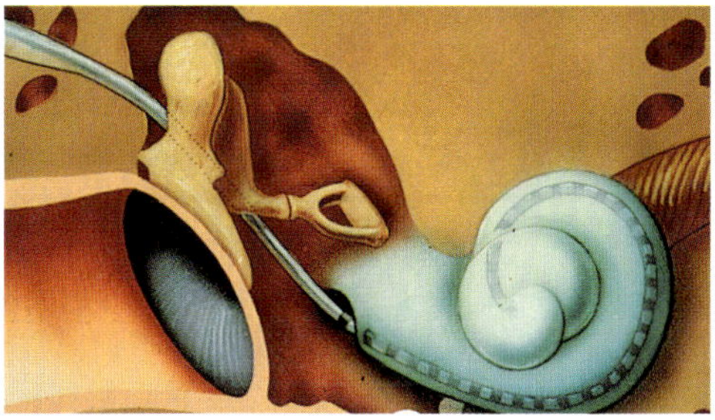

Durch eine Operation ist es möglich, den Draht mit den Elektroden in die Schnecke einzuführen.

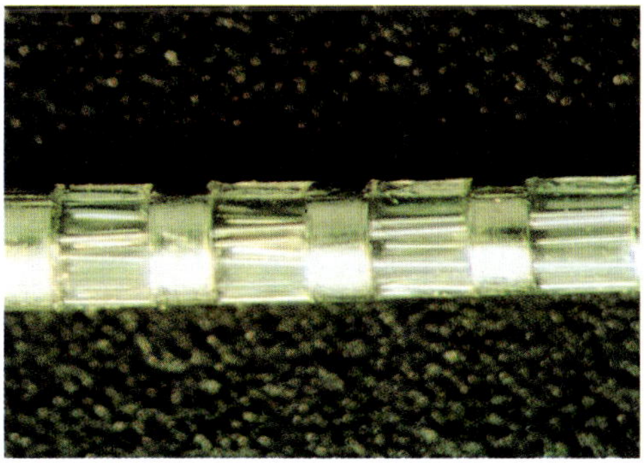

Mikroskopaufnahme der Elektroden, die sich auf dem Draht befinden.

in seiner unvollkommenen Form hilfreich – beim Hören z. B.. Wir hören, weil die Schallwellen auf das Trommelfell treffen. Diese Druckschwankungen werden in das Innenohr weitergegeben. Dort, in der „Schnecke", befindet sich eine Flüssigkeit, in der Nervenzellen – die Sinneshärchen – enden. Schallwellen bewegen die Flüssigkeit und damit die Sinneshärchen. Elektrische Impulse werden von ihnen an das Gehirn weitergegeben – das dann das Gehörte identifizieren kann. Tiefe Frequenzen werden im vorderen Teil der Schnecke verarbeitet – hohe bewegen die Härchen im hinteren Teil. Nun gibt es Menschen, bei denen diese Sinneshärchen durch Krankheiten zerstört sind. Um hier zu helfen, haben Techniker einen Draht entwickelt, der aus einzelnen Elektroden besteht. In die Schnecke eingeführt, kann an die Elektroden eine elektrische Spannung angelegt werden. Diese Impulse gleichen den Spannungsschwankungen, wie sie normalerweise die Härchen erzeugen. Im vorderen Bereich der Schnecke elektrisch gereizt, empfindet der Patient einen tiefen Ton – im hinteren einen hohen. Damit simuliert die Elektrode die Funktion der intakten Härchen. Ein Mikroprozessor verarbeitet die aufgenommenen Schallwellen in elektrische Spannungsschwankungen und ordnet diese – je nach Schallfrequenz – der entsprechenden Elektrode in der Schnecke zu. Dadurch wird das Reizspektrum, das ein gesunder Mensch beim Hören empfindet, reproduziert. Selbstverständlich ist der Nachbau der Natur nicht perfekt. Denn beim Sprechen geben wir ein vielfältiges Frequenzmuster ab. (B 1, K 43.) Dieses Angebot muß auf die 22 Elektroden reduziert werden. Deshalb „hört" der Patient nur Bruchstücke der realen Sprache. Aber nach einiger Zeit kann er durch Lernen dieses Verständnis verbessern. Erfolge gibt es vor allem bei Menschen, die schon einmal hören und sprechen konnten und erst nach einigen Jahren diese Fähigkeit verloren haben. Sie erinnern sich sehr schnell an die Lautmuster und können sie besser zuordnen.

38

Zauberei mit Spiegeln

Das Kunststück:

Zwei gleiche Hohlspiegel werden mit der verspiegelten Seite übereinander gelegt. In dem einen Hohlspiegel ist in der Mitte ein kreisrundes Loch ausgeschnitten. Legen wir auf den Boden des Spiegels eine Münze und decken den Spiegel mit dem Loch darüber, so scheint die Münze in dem ausgeschnittenen Loch zu schweben.

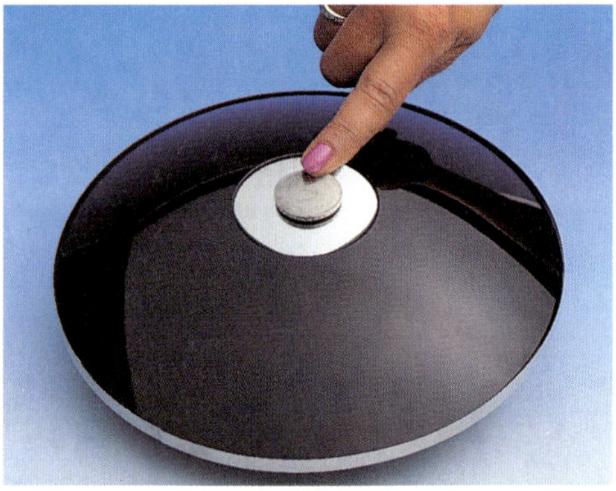

Das knoff-hoff:

Die beiden Hohlspiegel besitzen denselben Brennpunkt. Legt man die Münze in die Mitte des einen Hohlspiegels und stülpt den anderen darüber, so befindet sich die Münze genau im Brennpunkt des oberen Spiegels. Der obere Spiegel reflektiert deshalb das Bild in parallelen Strahlen, die wiederum auf den unteren Spiegel treffen. Die parallelen Strahlen werden zurückgeworfen und konzentrieren sich in dem Brennpunkt, der genau in dem ausgeschnittenen Loch liegt.

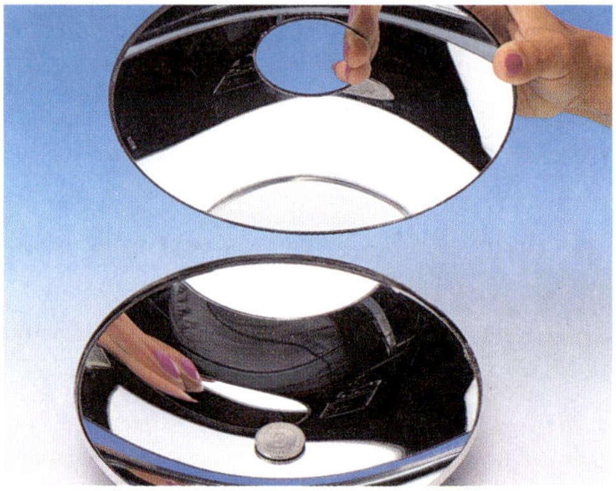

Hier wird das Bild der Münze sichtbar, und für unser Auge scheint die Münze zu schweben. Wenn wir mit dem Fin-

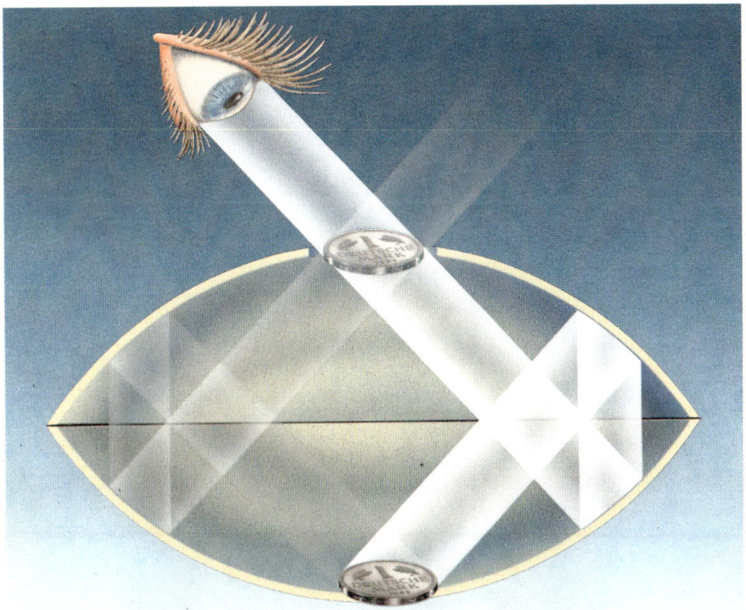

Die Münze liegt im Brennpunkt des oberen Hohlspiegels. Der von ihr kommende Strahl wird deshalb parallel reflektiert. Er trifft auf den unteren Spiegel und wird von ihm zum Brennpunkt – im Loch des oberen Spiegels – gelenkt. Dort erscheint die Abbildung der Münze.

ger versuchen, die Münze zu berühren, so können wir sie sogar scheinbar durchbohren – eine fast perfekte optische Illusion.

Tricks und Tips:

Diese Tricks mit Hohlspiegeln wurden früher häufig angewendet. Zauberer haben damit z. B. die Jungfrau „zersägt", oder ließen wilde Tiere erscheinen, mit denen sie sich Scheingefechte lieferten. Dazu wurden die Gegner unter der Bühne plaziert und mit dem Hohlspiegel – ähnlich wie bei unseren Münzen – ins Publikum gespiegelt. Der Schauspieler auf der Bühne und das Spiegelbild verschmolzen miteinander.

Hohlspiegel kehren das Bild um. Deshalb steht das Mammut unter der Bühne auf dem Kopf. Das ist eine Schwie-

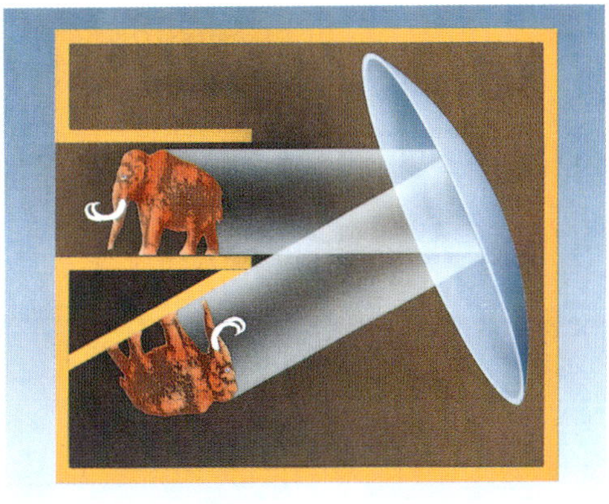

rigkeit für lebende Darsteller, die jedoch mit zwei Planspiegeln umgangen werden kann. Bei entsprechender Anordnung agieren so die Schauspieler unter der Bühne in aufrechter Haltung. Ein interessantes Kunststück mit der

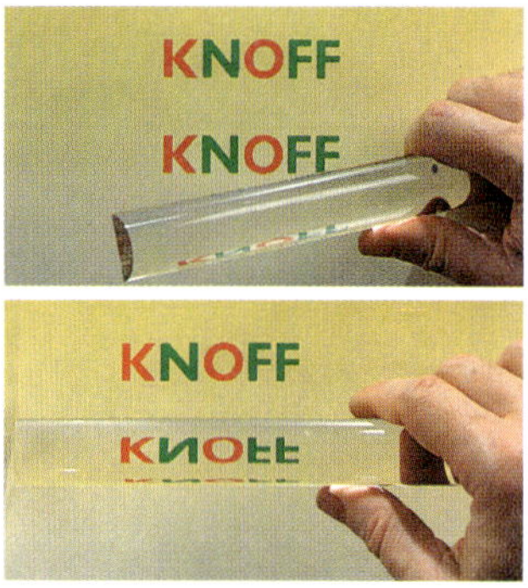

Umkehrung von Gegenständen gelingt mit dem Wort „Knoff". Das Wort „Knoff" ist mit grünen und roten Buchstaben geschrieben. Hält man einen Glas- oder Plexiglasstab im richtigen Abstand darüber, so scheinen sich die rot geschriebenen Buchstaben nicht umzukehren, während die grünen es tun. Kehrt sich das Bild in Abhängigkeit von der Farbe um?

Sicher haben Sie den Trick herausgefunden. Alle Buchstaben kehren sich um. Das „O" und das „K" sind jedoch bezüglich ihrer horizontalen Achse symmetrisch – das „N" und das „F" sind das nicht – deshalb der verblüffende Effekt. Viele andere Worte lassen sich finden, mit denen das Kunststück gezeigt werden kann.

Ramona scheint in der Luft zu schweben. Dabei steht sie mit einer Körperhälfte hinter dem Spiegel. Das Bild von ihr wird aus der rechten Körperhälfte und deren Spiegelbild zusammengesetzt.

39

Die Kiste, die keine ist

Das Kunststück:

Auf dem Foto scheint Ramona in einer Kiste zu stehen. Wenn wir die Kameraposition etwas verändern, können Sie sehen, daß die vermeintliche Kiste nur eine geschickte Anordnung von Brettern ist, die in unserem Auge-Gehirn-System den Eindruck erwecken, als ob sie eine Kiste darstellen.

Das knoff-hoff:

Wenn unser Auge bestimmte Informationen an das Gehirn weiterleitet, entsteht bei uns der Eindruck der 3-Dimensionalität. Die Bretteranordnung und die Färbung der Bretter sind so gewählt, daß alle Punkte eine 3-dimensionale Kiste signalisieren. Wenn wir räumlich sehen, so setzt ja unser Ge-

Ein Dreieck . . .

. . . das keines ist.

hirn die Informationen der beiden Augen zu dem Eindruck der 3-Dimensionalität um. Ein Auge betrachtet die Szene mit einem etwas anderen Winkel als das andere. Diese Unterschiede im Bild reichen aus, um den Eindruck der Räumlichkeit zu erwecken. Wir haben gelernt, schon mit wenigen Daten uns etwas räumlich vorzustellen. Beim Betrachten von 2-dimensionalen Bildern – Fotos z. B. – erlaubt uns gerade diese Einbildungskraft, die räumliche Tiefe des Bildes „dazuzudenken". Diese Fähigkeit ist leicht zu täuschen. So erscheint uns das Dreieck als geschlossener 3-dimensionaler Körper – in Wirklichkeit stellt es sich so wie in der Abbildung auf der Vorderseite dar.

Tricks und Tips:

Auch in der Größenabschätzung läßt sich unser Auge leicht täuschen. Die Striche sind gleich lang – obwohl es anders aussieht. Sie können es durch Nachmessen überprüfen.

Auch die Perspektive täuscht – sie läßt uns glauben, daß die Figuren verschieden groß sind – in Wirklichkeit sind die Figuren gleich groß. Die Linien erscheinen gekrümmt, obwohl sie gerade sind. Wer soll da seinen Augen noch trauen?

Der untere Strich erscheint kürzer als der obere. Beim Nachmessen wird klar, daß sie gleich lang sind.

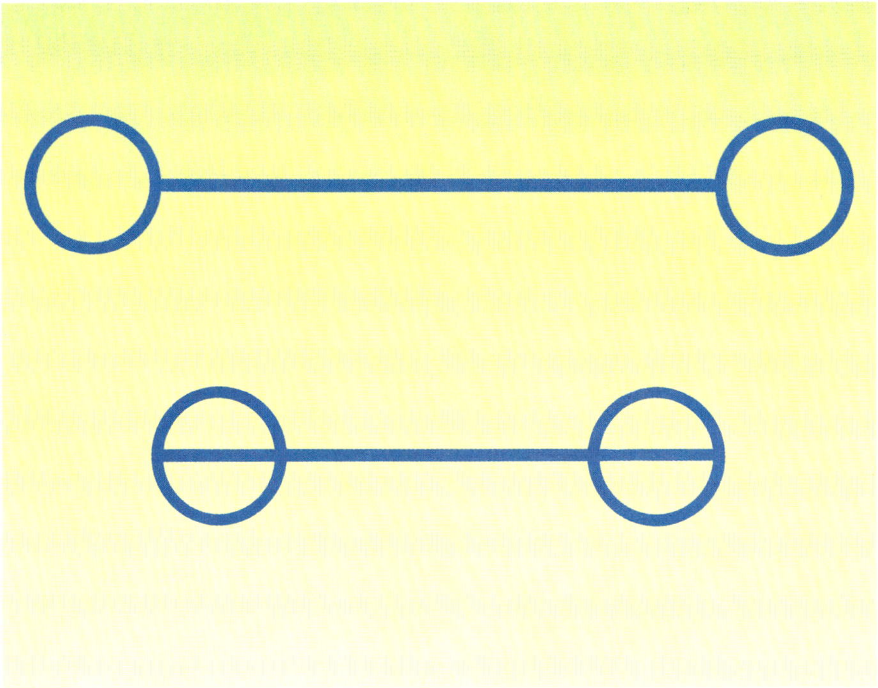

40

Licht mit Überraschungen

Das Kunststück:

Die Möglichkeit, „sich wegzuzaubern", haben schon viele Künstler gesucht. Vielleicht hilft ihnen dieses Kunststück weiter. Unser knoff-hoff-Tester schaut durch zwei Folien. Dreht er eine Folie, so wird plötzlich alles schwarz – der Kopf scheint zu verschwinden. Dreht er die Folie wieder zurück, ist er wieder sichtbar. Eine umwälzende Idee für die Zauberkunst?

Das knoff-hoff:

Licht kommt vom Gesicht des Testers – sonst könnten wir ihn nicht sehen. Licht besteht aus Wellen, die verschiedene Schwingungsebenen besitzen. In der Grafik haben wir nur zwei Ebenen dargestellt. Bei den Folien handelt es sich um Polarisationsfilter. Sie wirken wie ein Gitter, das nur eine Schwingungsebene passieren läßt. Sind die beiden Filter – oder Gitterstäbe – parallel gerichtet, lassen sie das polarisierte Licht durch. Drehen Sie das eine Filter, so blockiert es die polarisierte Welle – das Gesicht verschwindet – überhaupt kein Licht dringt mehr durch, die Fläche erscheint schwarz.

Ausprobieren können Sie das mit Polarisationsfiltern, wie sie für Fotoapparate benutzt werden.

Oder Sie nehmen zwei Plastikbrillen, die mit ihren Polarisationsfiltern als Sonnenbrillen dienen. Kreuzen Sie die Brillen, so können Sie dadurch das Licht blockieren. Warum solche Polarisationsfilter als Sonnenbrillen benutzt werden können, liegt an der Eigenschaft des Lichtes, auch bei Reflexion zu polarisieren. Bevorzugt im reflektierten Anteil ist jetzt nur eine Schwingungsebene des Lichtes – die Polarisationsfilter in der Brille lassen deshalb weniger Licht durch. Das können Sie mit einer solchen Brille an einer spiegelnden Fläche, z. B. einem See, überprüfen.

Zwei gegeneinander verdrehte Polarisationsfilter in den beiden Sonnenbrillen lassen das Licht nicht durch.

Der reflektierte Anteil ist hauptsächlich horizontal polarisiert – deshalb ist das Polfilter der Sonnenbrille mit senkrechten „Gitterstäben" versehen. Bei Reflexion an Metallflächen wird übrigens das Licht nicht polarisiert.

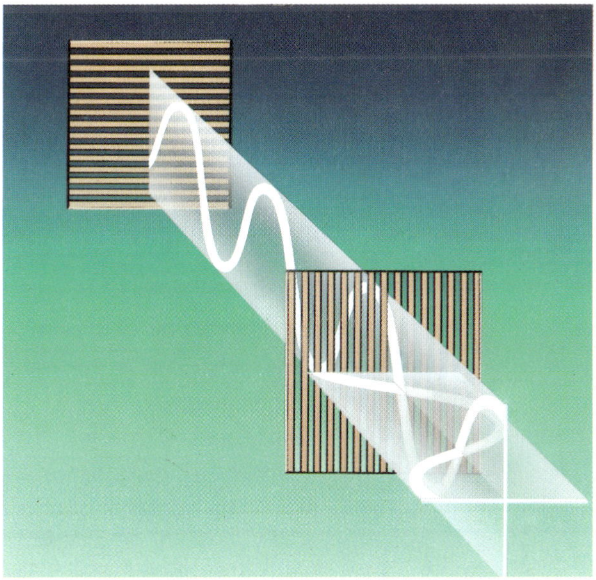

Die Polarisationsfilter wirken wie Gitter, die nur eine Schwingungsebene des Lichts durchlassen. Wird das zweite Filter um 90° gedreht, sperrt es auch diese Welle.

Die Seeoberfläche reflektiert das Sonnenlicht und polarisiert es dabei. Diesen Effekt nutzen Sonnenbrillen mit Polarisationsfiltern aus.

Tricks und Tips:

Mit unseren Augen ist nicht zu erkennen, ob Licht polarisiert ist oder nicht. Wüstenameisen oder z. B. Bienen können das jedoch und sie orientieren sich danach. Ist der Himmel wolkenlos, strahlend und gleichmäßig blau, so sieht er durch Polarisationsfilter betrachtet ganz anders aus. Am Himmel erscheint ein schwarzer breiter Streifen, der mit dem Sonnenstand wandert. Das Sonnenlicht wird an den Teilchen in der Luft gestreut und dabei polarisiert. Nur mit einem Filter ist die-

Der Himmel durch ein Polarisationsfilter betrachtet. Bei entsprechender Drehung ist der dunkle Polarisationsstreifen zu erkennen.

ser Bereich zu entdecken. Mit dem veränderten Sonnenstand verschiebt sich dieser Streifen und die Bienen und Wüstenameisen orientieren sich nach dieser Verschiebung. Sie benutzen dazu keine Polarisationsfilter, vielmehr finden sich in ihren Augen lichtempfindliche Substanzen, die mit einem Trick die verschiedenen Schwingungsebenen des Lichtes unterscheiden können. Diese lichtempfindlichen Moleküle sind alle gleich ausgerichtet. Das Licht, das parallel zu ihrer Längsachse schwingt, wird bevorzugt registriert. Dreht sich die Ameise, wird weniger Licht aufgenommen. Dieser Unterschied ermöglicht die Orientierung. Im menschlichen Auge sind diese lichtempfindlichen Substanzen ungeordnet – das Erkennen des polarisierten Lichts gelingt nicht, weil jedes Molekül gleichviel Licht der beliebigen Schwingungsebenen registriert.

Woher weiß man aber, daß Ameisen polarisiertes Licht erkennen können? Die Ameisen müssen immer wieder zu ihrem Bau zurückfinden. Wissenschaftler arbeiten mit einem fahrbaren Polarisationsfilter, das sie über die laufenden Ameisen halten. Das Filter bevorzugt eine Schwingungsebene des Lichtes und simuliert eine veränderte Situation am Himmel. Die Ameisen unter dem Filter vermuten deshalb ihr Nest in einer anderen Richtung – und das läßt sich beobachten.

Verschiedene Substanzen drehen die Schwingungsebene des Lichtes. Lassen wir Licht durch ein Polarisationsfilter dringen, so wird nur eine Ebene durchgelassen – ein gekreuztes Filter erscheint deshalb in der Durchsicht schwarz. Kleben wir auf eine Glasscheibe einen durchsichtigen Klebestreifen, so ist er im normalen Licht kaum zu entdecken. Zwischen die gekreuzten Polfilter gebracht – hebt er sich dunkel ab. Beim Durchdringen des Klebestreifens wird die Schwingungsebene des Lichtes gedreht, so daß das zweite Polfilter das Licht aus diesem Bereich nicht mehr abblockt. An dieser Stelle wird die beklebte Glasscheibe durchscheinend.

Auch Flüssigkeiten drehen die Polarisationsebene des Lichtes – eine Zuckerlösung z. B., oder die Körperflüssigkeit eines Fisches.

Ohne Polfilter sind die Klebestreifen auf der Glasplatte durchsichtig. Weil sie die Schwingungsebene des Lichts drehen, erscheinen sie zwischen den Filtern hell oder dunkel.

Wasser dreht die Schwingungsebene des Lichts nicht. Aber die Körperflüssigkeit des durchsichtigen Fisches tut das. Deshalb hebt er sich zwischen den gekreuzten Polfiltern vom Wasser ab.

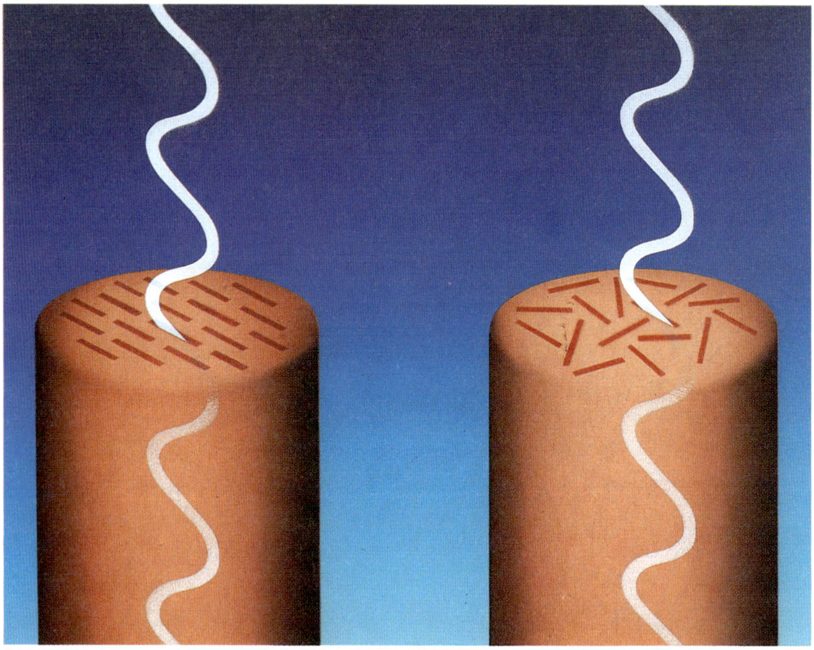

Beim Ameisenauge sind die lichtempfindlichen Moleküle alle gleich ausgerichtet. Das polarisierte Licht wird registriert. Beim menschlichen Auge sind diese Moleküle zufällig orientiert. Es findet sich immer ein Molekül, das die Schwingungsebene des Lichts aufnimmt.

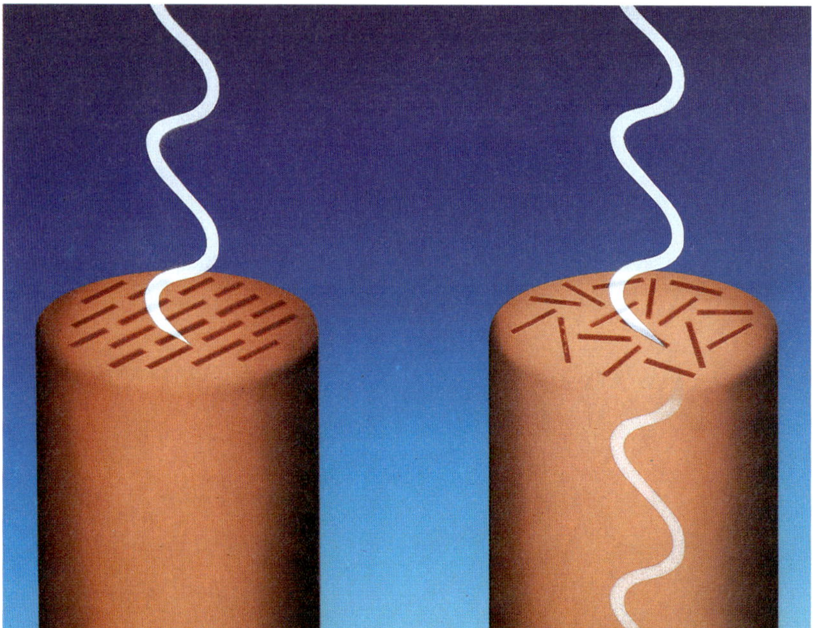

Dreht sich die Ameise, so kann sie das polarisierte Licht nicht mehr aufnehmen. Alle lichtempfindlichen Moleküle sind ja gleich ausgerichtet. Damit kann die Ameise eine Richtung unterscheiden. Beim menschlichen Auge findet sich auch nach einer Drehung ein Molekül, das das Licht registriert. Eine Unterscheidung der Drehrichtung ist deshalb möglich.

Das erste Filter läßt nur eine Schwingungsebene des Lichtes durch. Das Material zwischen den Filtern dreht diese Ebene, so daß es das um 90° gedrehte zweite Filter passieren kann.

Dieser Fisch ist durchsichtig. Die gekreuzten Polarisationsfilter lassen kein Licht durch. Das den Fisch umgebende Wasser dreht die Schwingungsebene des Lichtes nicht – aber die Körperflüssigkeit des Fisches tut das. Deshalb ist er im Schwarzen sichtbar – der Fisch scheint zu schweben.

Dieses Glas ist im natürlichen Licht gelblich und auch ein Magnet verändert diese Eigenschaft nicht. Zwischen zwei gekreuzten Polarisationsfiltern betrachtet, sieht alles ganz anders aus. Der Magnet kann plötzlich Bereiche hell oder dunkel machen. An diesen Stellen beeinflußt der Magnet das Material so, daß es die Schwingungsebene des Lichtes dreht oder nicht. Auf das Glas gedampfte Substanzen ermöglichen diesen Effekt. Denkbar ist der Einsatz dieses Materials als Lichtventil in der Elektronik. Punktweise als Matrix angeordnet, kann man die einzelnen Bereiche so ansteuern, daß sie das Licht durchlassen oder blockieren. Der Bau eines Druckers oder Digitalspeichers ist damit denkbar.

Das beschichtete Glas läßt sich offenbar nicht von einem Magneten in seinen optischen Eigenschaften beeinflussen.

Erst zwischen den gekreuzten Polfiltern wird sichtbar, daß der Magnet die Scheibe durchsichtig oder undurchsichtig machen kann.

41

Durchsichtiges wird farbig

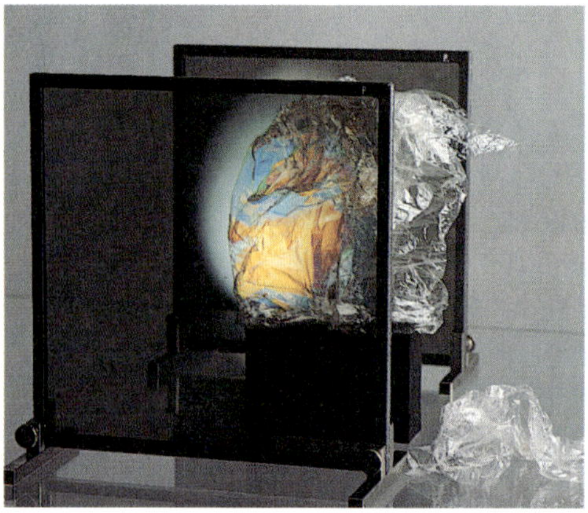

Das Kunststück:

Viele Geschenke sind heute in Klarsichtfolien eingepackt. Diese Folien sind – wie der Name ja auch sagt – durchsichtig wie Fensterglas. Zerknüllen Sie z. B. Zellophan und halten es zwischen zwei gekreuzte Polarisationsfilter, so erscheint das durchsichtige Zellophan plötzlich in schillernden Farben. Auch wenn Sie einen Becher aus durchsichtigem Kunststoff zwischen die Polfilter halten, ist er plötzlich farbig. Die Welt würde – durch Polfilter betrachtet – manche Überraschungen bieten.

Das knoff-hoff:

Weißes Licht besteht aus einem Gemisch elektromagnetischer Wellen, die jeweils verschiedene Farbeindrücke im Auge-Gehirn-System hervorrufen. Das erste Polfilter läßt diese Wellen nur mit der Schwingungsebene passieren, die parallel zu den „Gitterstäben" des Polfilters liegen.

Die Folie und der Kunststoffbecher drehen diese Schwingungsebene leicht, so daß sie jetzt auch das zweite Polfilter passieren können. Jedoch werden nicht alle Wellen gleichberechtigt an den verschiedenen Zentren in der Folie behandelt. Wie stark sie gedreht werden, ist von der Wellenlänge – also von der Farbe – abhängig. Deshalb können nur bestimmte Farben, nämlich die, deren Schwingungsebene durch die Folie parallel zum gekreuzten Polfilter gedreht wurden, passieren. Vorher durchsichtige Kunststoffe erscheinen deshalb farbig.

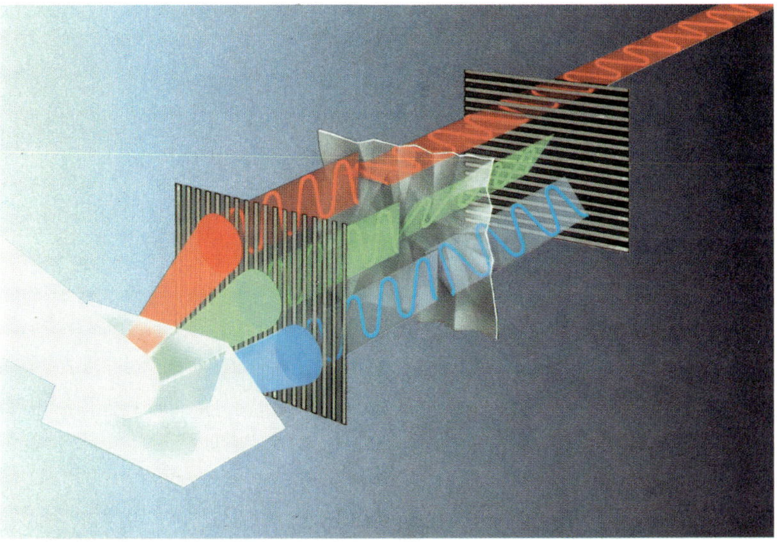

Weißes Licht besteht aus drei Grundfarben, die durch entsprechende Wellen verursacht werden. Zellophan „dreht" die Schwingungsebenen der Wellen in Abhängigkeit von ihrer Wellenlänge. Deshalb können nicht alle Wellenlängen das um 90° gedrehte zweite Polfilter passieren und sich wieder zum weißen Licht mischen. Hier erscheint das Zellophan rot.

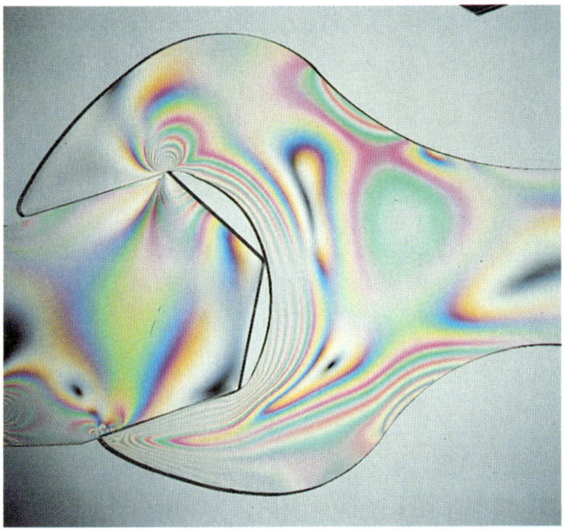

Tricks und Tips:

Die Zentren, die die Schwingungsebenen des Lichtes drehen, können auch durch mechanische Spannungen erzeugt werden. Deshalb werden die Spannungen, die beim Anziehen einer Schraube auf das Werkzeug wirken, zwischen zwei gekreuzten Polarisationsfiltern sichtbar.
Besonders eindrucksvoll ist es, wenn man den Plastikbecher betrachtet. Er wird von hinten mit polarisiertem Licht angeleuchtet und sieht normal durchsichtig aus. Der schwarze Vordergrund, auf dem der Becher steht, reflektiert das Bild – und da erscheint der Becher plötzlich farbig. Zauberei? Das reflektierte Licht wird ja polarisiert (K 43). Der Untergrund wirkt wie ein zweites Polarisationsfilter, das – in Abhängigkeit von der Wellenlänge – das polarisierte Licht durchläßt.

Der durchsichtige Becher wird am schwarzen Untergrund reflektiert. Er erscheint farbig, weil er mit weißem polarisierten Licht durchstrahlt wird und der Untergrund wie ein zweites Polfilter wirkt.

42

Diebe ohne Chance

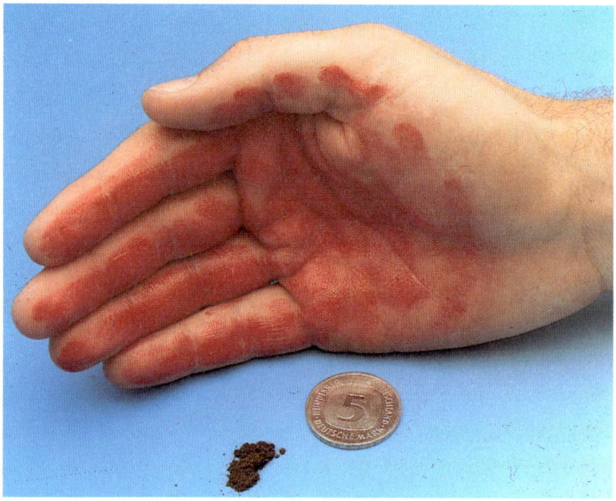

Das Kunststück:

Auch wenn man es nicht wahrhaben will: Stehlen ist eine lange Tradition in jeder Gesellschaft und sie ist heute noch lange nicht ausgestorben. Seit Jahrhunderten machen sich die Menschen Gedanken darüber, wie man Diebstähle verhindern kann. Auch heute noch zeigt eine einfache *„Diebesfalle"* ihre Wirkung. Sie besteht aus einem Pulver, das hauchdünn auf Geldmünzen oder Geldscheinen so verteilt wird, daß es nahezu unsichtbar ist. Der Dieb kann zwar das Geld nehmen – aber beim Anfassen der Beute färben sich seine Finger rot. Es ist tagelang nicht möglich, diese Farbe – auch mit den aggressiven Waschmitteln – abzuwaschen.

Das knoff-hoff:

Bei dem Pulver handelt es sich um Rhodaminbase – einem Farbstoff, der mit der Säure im Hautschweiß intensiv reagiert. Erst nach dieser Reaktion zeigt er seine tiefe rote Farbe. Einen ähnlichen Effekt besitzt ein Pulver, das stark auf ultraviolette Strahlen reagiert. Der Dieb nimmt ahnungslos den präparierten Geldschein und sieht im normalen Licht nicht, daß seine Hände und die Beute mit dem Pulver bedeckt sind. Bestrahlt man aber alles mit einer UV-Lampe, so leuchten diese Bereiche auf.

Tricks und Tips:

Technisch aufwendig ist ein Gerät, das dem Geldkoffer beigepackt wird. In

dem Apparat befinden sich ein Farbstoff, ein kleiner Zündsatz und ein Empfänger für Radiowellen. Der Besitzer des Koffers trägt einen kleinen Sender in der Jackentasche. Entfernt er sich oder der Dieb mit dem Koffer sich von ihm, so sind die Signale des Senders zu schwach, um weiterhin den elektrischen Zünder zu blockieren. Es kommt zu einer kleinen Explosion und eine Farbstoffwolke dringt aus dem beigepackten Sicherheitskasten, die alle Dokumente oder Geldscheine einfärbt. Damit – oder mit der Rauchentwicklung – hat man eine Chance, den Dieb zu entdecken. Auch Banken kennen ähnliche Vorrichtungen. Rafft ein Bankräuber Geldpakete zusammen, so ist ein getarnter Radioempfänger mit Farbpulver und Zünder darunter. Verläßt der Räuber die Bank, wird das Paket gezündet – die Beute wird eingefärbt. Rote Geldscheine weisen deshalb meist auf einen Diebstahl hin.

43

Kaltes Licht

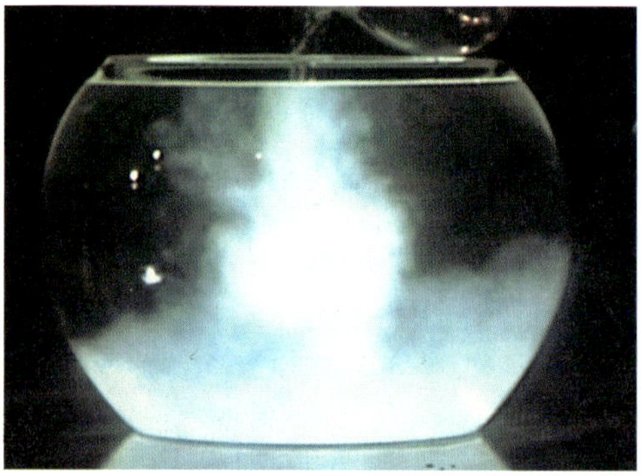

Das Kunststück:

Zwei Flüssigkeiten werden zusammengegossen – und sie beginnen zu leuchten. Eine halbe Stunde kann das Leuchten dauern. Wenn Sie die Flüssigkeiten nicht zur Verfügung haben, können Sie auch Leuchtstäbe in einem Campinggeschäft kaufen. Diese Stäbe leuchten relativ lange und sogar unter Wasser. Schneidet man die Kunststoffstäbe vorsichtig auf, so befindet sich in der Hülle eine Flüssigkeit. In ihr schwimmt eine Ampulle mit einer zweiten Flüssigkeit. Wird das Glas zerbrochen, so vermischen sich die beiden Flüssigkeiten und beginnen zu leuchten.

Das knoff-hoff:

Licht kann man auf recht unterschiedliche Weise erzeugen. Man verbrennt etwas oder bringt Metall zum Glühen – wie in einer elektrischen Glühlampe –

oder man schießt Elektronen auf eine Substanz, wie in einer Leuchtstoffröhre. Im Grunde tut man aber immer das gleiche: Elektronen, die auf bestimmten Bahnen um den Atomkern herumlaufen, werden auf eine höhere Umlaufbahn gehoben, sie fallen nach einiger Zeit auf eine niedrigere Umlaufbahn zurück und strahlen die vorher aufgenommene Energie als Licht ab.

In der Glühlampe werden die Elektronen durch die heftige Wärmebewegung der Atome im Glühdraht, die sie zusammenprallen läßt, auf die höhere Bahn gehoben, von der sie unter Lichtabstrahlung herunterfallen. Genausogut kann man die Elektronen durch Beschuß mit anderen Teilchen oder anderer Strahlung auf das höhere Energieniveau „hochpumpen“ oder – bei bestimmten Halbleiter-Materialien – durch das Anlegen einer niedrigen Spannung (Buch 1, K 28).

Beim Zusammengießen der beiden Flüssigkeiten findet eine chemische Reaktion statt, bei der Elektronen auf

Um den Atomkern kreisen Elektronen. Diese Bahnen sind nicht so kugelrund wie hier – aber sie machen deutlich, wie Licht erzeugt werden kann. Fällt ein Elektron von einer Bahn herunter, so wird diese Energie als Licht frei.

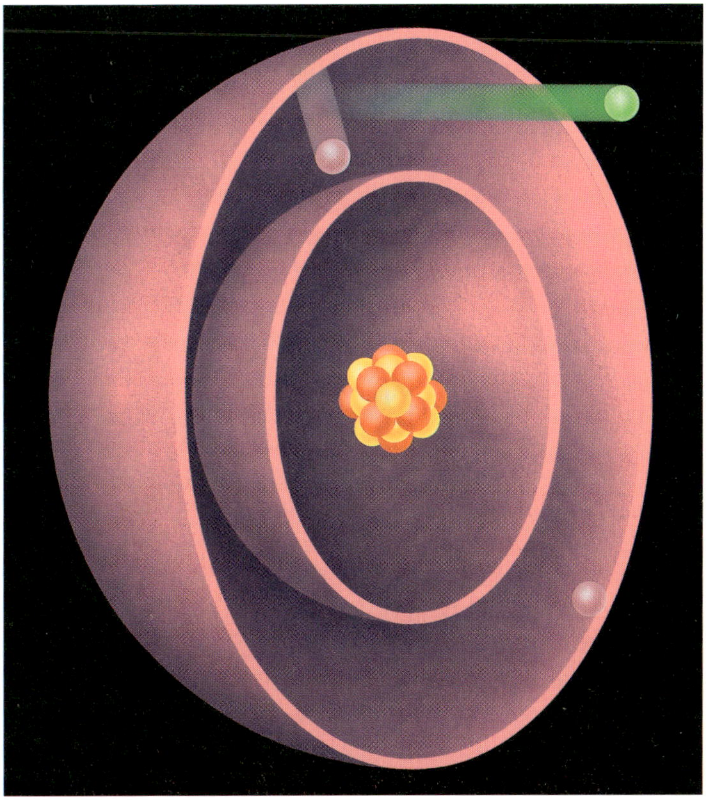

eine höhere Umlaufbahn gehoben werden. Sie fallen nach einiger Zeit herunter und strahlen dabei die vorher aufgenommene Energie als Licht ab. Das Leuchten dauert so lange, wie die Reaktion zwischen den Einzelkomponenten stattfindet. Effektiv ist diese Art der „kalten“ Lichterzeugung, denn in Glühlampen geht ja ein großer Teil der hineingesteckten Energie als Wärme verloren.

Organische Moleküle kann man auch mit normalem Licht zum Leuchten anregen. Dabei „hebt“ das ankommende Licht Elektronen auf ein höheres Energieniveau. Erst nach einiger Zeit fallen sie auf ein niedriges Niveau und strahlen dabei Licht ab. Diese Moleküle werden z. B. Spielzeugen beigemischt, die in der Dunkelheit leuchten. Zur Anregung muß man sie allerdings vorher zunächst dem Licht aussetzen.

Tricks und Tips:

Das Rezept für die Herstellung der beiden Lösungen finden Sie in einschlägigen Chemiebüchern unter dem Stichwort „Luminolversuch“.

In der Natur benutzen verschiedene Tiere diese Art der Lichterzeugung, Tiefseefische z. B. für eine „Anglerlaterne“ vor dem Maul. Sie locken damit in der ewigen Dunkelheit der Tiefsee Beute an.

Leuchtkäfer übermitteln mit dem Licht Signale an ihre Partner. In Japan gibt es weitaus größere Leuchtkäfer als bei uns – aber sie sind auch dort durch Insektenvernichtungsmittel weitgehend ausgerottet. Die Japaner feiern traditionell das Leuchtkäferfest – heute müssen sie dazu in ihre Parks Leuchtkäfer von entfernten Inseln importieren, um wenigstens kurzzeitig die Tradition pflegen zu können. Die meisten japanischen Kinder erfreuen sich heute an künstlichen Käfern, denen als Leuchtersatz ein Minileuchtstab in den Hinterleib gesteckt wurde.

Der japanische Käferersatz mit einem Leuchtstab.

In der Waitomo-Höhle in Neuseeland hängen an der Höhlendecke Millionen Larven, die leuchten. Sie haben lange klebrige Fäden ausgeworfen und locken durch ihr Leuchten Insekten in die Höhle hinein. Diese bleiben an den Fäden hängen und werden aufgefressen.

Die Waitomo-Höhle mit Tausenden von Leuchtkäfern.

44

Wenn das Gewicht täuscht

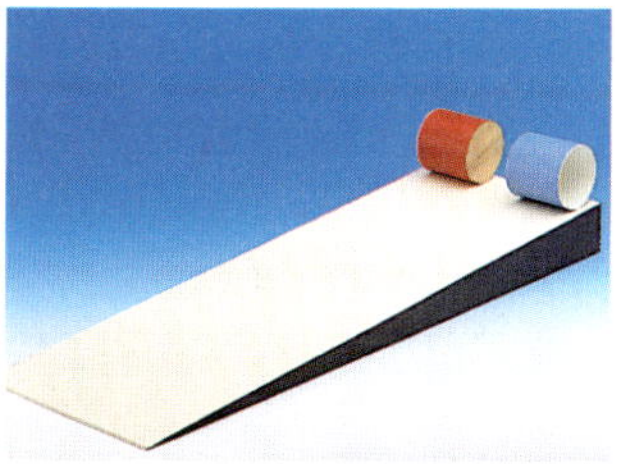

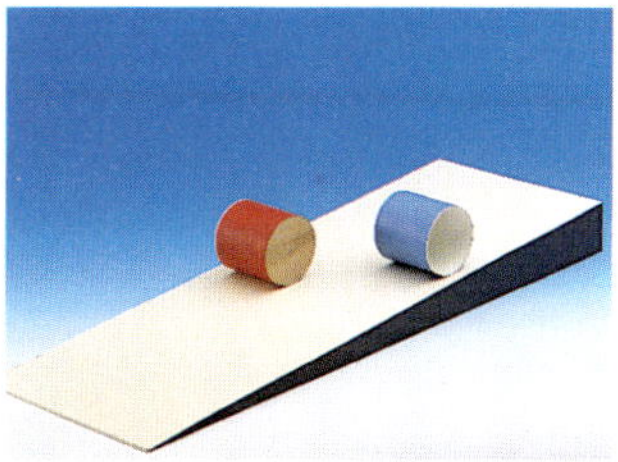

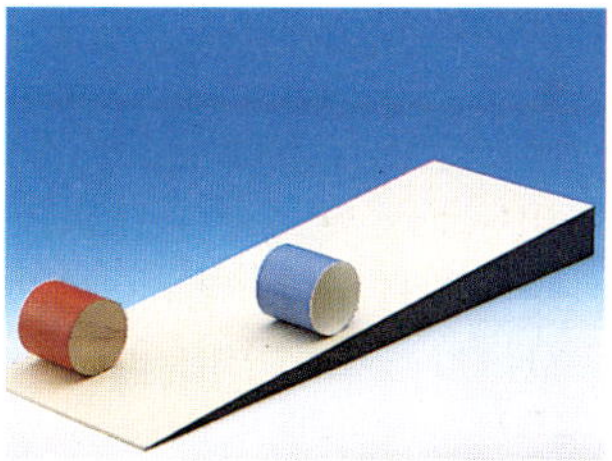

Das Kunststück:

Wettrennen bringen immer wieder Überraschungen – deshalb machen sie ja auch Spaß. Für dieses Kunststück brauchen Sie zwei Walzen mit gleichen Abmessungen. Wichtig ist, daß die Walzen dasselbe Gewicht besitzen. Die eine Walze ist jedoch aus Blei gefertigt und hat ihre Masse außen ringförmig konzentriert – sie ist also mehr eine Bleiröhre. Die andere Walze ist komplett aus Holz gemacht.

Beide Walzen wiegen gleich viel, besitzen die gleiche äußere Form – der Unterschied liegt nur in der Massenverteilung. Läßt man nun die beiden Walzen eine schräge Bahn hinunterrollen, so erreichen sie nicht etwa gleichzeitig ihr Ziel. Die kompakte Holzwalze ist schneller als die hohle Bleiwalze – und das bei gleichem Gewicht!

Das knoff-hoff:

Beim Rollen sind offenbar noch andere Dinge wichtig. Beim Start befinden sich beide Walzen auf gleicher Höhe und besitzen deshalb dieselbe Energie, die sie in Bewegungsenergie umsetzen können. Die Bleiwalze hat fast alle Masseteilchen außen konzentriert – weit entfernt vom Mittelpunkt. Diese müssen in Drehung versetzt werden – das ist bei großem Abstand vom Mittelpunkt schwieriger als bei kleinem. Die hohle Bleiwalze rollt langsamer an. Bei der kompakten Holzwalze sind die Masseteilchen gleichmäßig verteilt – sie besitzt einen großen Teil ihrer Masse in der Nähe des Mittelpunktes. Sie kann schneller anrollen, weil weitaus weniger Teilchen weit außen beschleunigt werden müssen.
Plausibel wird dieses Kunststück beim Betrachten eines Saltospringers. Hat

sich der Springer ausgestreckt, befinden sich viele Masseteilchen weit entfernt vom Mittelpunkt. Er dreht sich langsam. Zieht der Springer die Arme und Beine an – konzentriert er also die Masse nahe der Achse, wird die Rotation viel schneller.

Tricks und Tips:

Gegenstände mit demselben Gewicht verhalten sich auch in anderer Situation ganz unterschiedlich. Ein Kilogramm Federn ist genauso schwer wie ein Kilogramm Blei. Das muß nicht extra festgestellt werden. Nun kann man dieses Kilogramm mit einer Balkenwaage auswiegen. Zum Beispiel ein Gewicht aus Blei auf der einen – und eine Kugel aus Schaumstoff auf der anderen Seite. Bei waagrechtem Balken ist das Gewicht der beiden Körper gleich. Wie geht dieses Experiment aus, wenn Astronauten diese Balkenwaage mit auf den Mond nehmen?

Ein großes Volumen verursacht im „Luftmeer" einen größeren Auftrieb.

Klar, ein Kilogramm ist auf dem Mond nicht das Kilogramm, das wir auf der Erde kennen; denn die Anziehungskraft des Mondes ist geringer. Aber die Balkenwaage müßte auch unter diesen Bedingungen wieder ausgeglichen sein. In der Wirklichkeit würde sich bei diesem Experiment auf dem Mond die Balkenwaage stark zu der großen Schaumstoffkugel neigen. Schon erstaunlich, was da passiert.

Auf dem Mond gibt es keine Atmosphäre. Diesen Zustand können wir auf der Erde mit einer Vakuumpumpe simulieren. In der Luft zeigt die Balkenwaage ihre waagrechte Stellung – im Vakuum neigt sich die Waage zugunsten der Schaumstoffkugel. Das Geheimnis liegt im Auftrieb der Luft. Ähnliche Verhältnisse herrschen ja im Wasser. Genauso wie im Wasser etwas schwimmt oder schwebt, geschieht das im „Luftmeer". Im Wasser schwimmt etwas um so besser, je mehr Wasser es verdrängt (Buch 1, K 22). In der Luft gilt das auch, nur können wir häufig diesen kleinen Auftriebseffekt vernachlässigen. Ein mit Helium gefüllter Ballon steigt jedoch in der Luft aus dem gleichen Grund nach oben wie ein Stück Holz im Wasser. Er

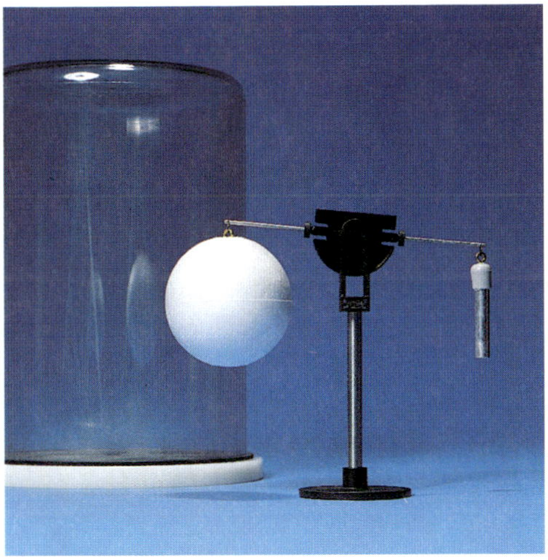

In der Luft ist die Balkenwaage ausgeglichen.

Im Vakuum zeigt sich, daß der Auftrieb beim Gewicht eine Rolle spielt.

verdrängt ein bestimmtes Volumen an Luft. Ist diese Menge schwerer als sein Inhalt, so steigt der Ballon nach oben. Ist sie leichter, so sinkt er: Das Archimedische Prinzip – im Luftmeer angewendet.

Und bei unserer Balkenwaage verdrängt eben die Schaumstoffkugel mehr Luft als das kompakte Bleigewicht. Im Vakuum – ohne den Auftrieb der Luft – macht sich dieser Unterschied bemerkbar.

Ohne Atmosphäre zeigen auf dem Mond einige Experimente andere Ergebnisse als auf der Erde.

45

Energie aus der Luft

Das Kunststück:

Immer wieder wird die Geschichte erzählt, daß vor einigen Jahrzehnten die Leute einfach einen Draht mit einer elektrischen Birne in die Luft gehängt haben und damit ihre Lichtprobleme lösten. Das allerdings funktionierte nur in bestimmten Gegenden. So unglaublich es auch klingt, so etwas ist möglich: Energie aus der Luft zu zapfen.

Das knoff-hoff:

Das Geheimnis steckt in elektromagnetischen Wellen, Radiowellen, die von einem Sender abgestrahlt werden. Tatsächlich haben die Besitzer von Schrebergärten, die in der Nähe eines Rundfunksenders lagen, ihr Beleuchtungsproblem mit dem „Wunderdraht" gelöst. Die aufgefangenen Radiowellen wurden nicht zum Radio-

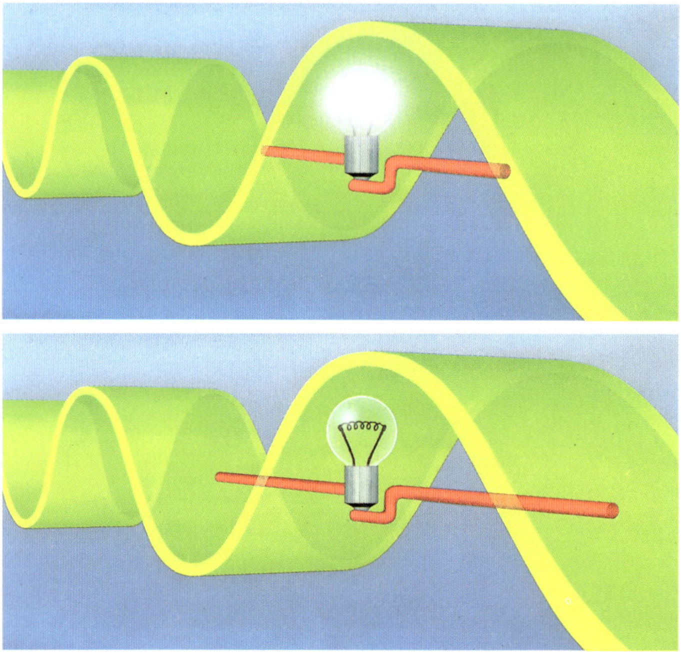

Die Antennenlänge ist für die entstehende Spannungsdifferenz im Draht wichtig. Nur wenn das elektrische Wellenfeld Ladungen trennen kann, leuchtet die Glimmlampe auf.

hören, sondern zur Lichterzeugung benutzt. Im Kleinen kann man das mit einem Sender und einer Antenne nachvollziehen. Die Radiowellen transportieren Energie. Sie bauen elektromagnetische Felder auf. Wählt man die Drahtlänge so, daß sie der halben Wellenlänge der Radiowelle entspricht, erreicht die Lampe in der Mitte die optimale Lichtstärke. Beim Überstreichen dieser Antenne entsteht durch die Welle eine elektrische Spannungsdifferenz, die Elektronen im Metalldraht in Bewegung setzt. Es fließt ein elektrischer Strom. Normalerweise werden diese aufgefangenen Spannungsschwankungen im Radioapparat verarbeitet. Befindet sich die Antenne sehr dicht am Sender, so reicht die so aufgefangene Energie aus, die Lampe zum Leuchten zu bringen.

Tricks und Tips:

Eine Lösung des Energieproblems ist das sicher nicht, und außerdem ist es verboten, die Sendeenergie so zu nutzen. Im Sender müssen ja die elektromagnetischen Wellen zunächst einmal erzeugt werden – dies ist recht aufwendig – Wärmeverluste treten auf und deshalb ist die hineingesteckte Energie größer als die vom Sender ausgestrahlte. In einem Sender werden ja in einem elektrischen Schwingkreis Elektronen hin- und herbewegt. Dabei bauen sich elektromagnetische Felder auf und ab. Bei einer bestimmten Frequenz der bewegten Elektronen lösen sich die Felder als elektromagnetische Wellen ab und wandern durch den Raum. Antennen können auf diese Schwankungen der elektrischen Feldstärke im Raum reagieren – in ihnen bewegen sich im ankommenden Rhythmus Elektronen. Das kann zum Radioempfang ausgenutzt werden.

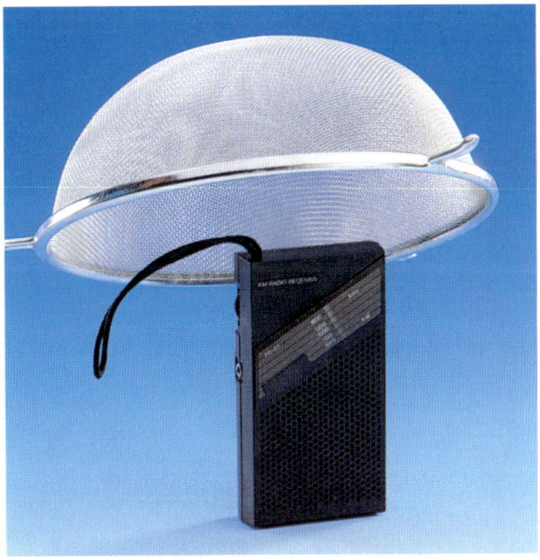

Da, wo elektrische Ladungen bewegt werden, entstehen elektromagnetische Felder – an Hochspannungsleitungen z. B. –, das merken Sie, wenn Sie mit eingeschaltetem Autoradio unter den Leitungen entlangfahren und der Empfang gestört wird. Oder Ihr Nachbar benutzt noch einen nicht „entstörten" Quirl. Auch die hier abgestrahlten Felder registriert ihr Radio.

Abgeschirmt werden diese elektromagnetischen Wellen durch Metallgitter. Wenn Sie ein Drahtsieb über ein Transistorradio stülpen, hören Sie nichts mehr, weil keine Radiowellen mehr die Antenne erreichen.

In Hochhäusern befinden sich zur Verbesserung der Statik in den Betonwänden Drahtgitter. Der Radioempfang ist hier ohne Außenantenne kaum möglich. Dieser Abschirmeffekt soll, so zeigen einige Versuche mit Ratten, auch Auswirkungen auf die Munterkeit von Lebewesen haben. Die in den Hochhauswänden eingegossenen Drahtgitter schirmen auch die natürlich auftretenden elektromagnetischen Felder ab. Diese Felder stimulieren angeblich biologische Systeme. Durch diesen Abschirmeffekt findet vielleicht der Büroschlaf in Hochhäusern seine Erklärung.

46

Kochen mit Wellen

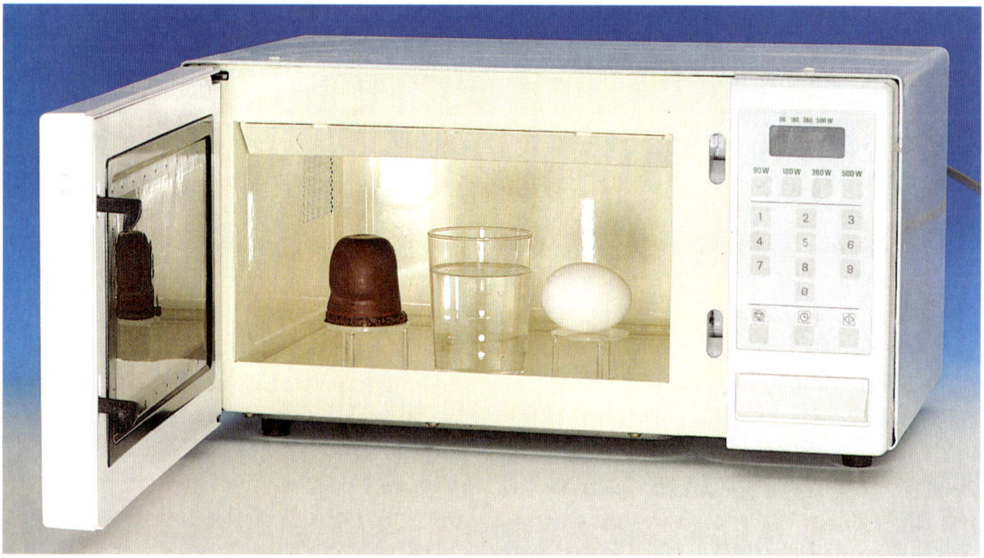

Das Kunststück:

Für viele ist ein Mikrowellenherd nichts neues. Sie schwören auf ihn und versprechen sich von der kurzen Garzeit eine Energieersparnis. Wenn Sie einen Topf Wasser unter optimalen Bedingungen in einem Mikrowellenherd zum Kochen bringen und das auf einer elektrischen Kochplatte tun – wo kocht das Wasser eher? Welche Methode verbraucht weniger Energie?

Das knoff-hoff:

Kochen mit einer Kochplatte funktioniert so, daß die Wärme von der heißen Kochplatte über den Topfboden in das Wasser fließt. Im Wasser wird diese Wärme verteilt und dadurch erhöht sich allmählich die Temperatur des Wassers. Beim Kochen mit Mikrowellen liefern elektromagnetische Wellen die Energie zum Erhitzen. Mikrowellen sind elektromagnetische Wellen, die auch zum Übertragen von Nachrichten auf Richtfunkstrecken benutzt werden. Der Nachteil ist, daß bei Regen und Nebel diese Art von Nachrichtenübertragung nicht mehr gut funktioniert, weil Wasser die Wellen gut absorbiert. Dieser Nachteil bei der Nachrichtenübertragung wandelt sich zum Vorteil

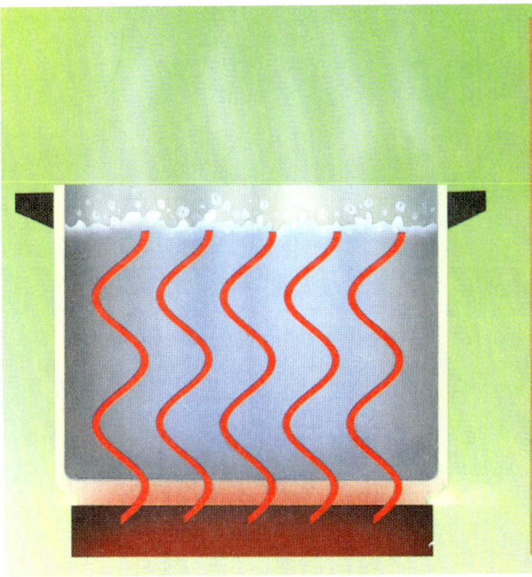

Bei einer Kochplatte wird das Wasser durch Wärmeleitung erhitzt. Hilfreich dabei ist, daß das erwärmte Wasser nach oben steigt.

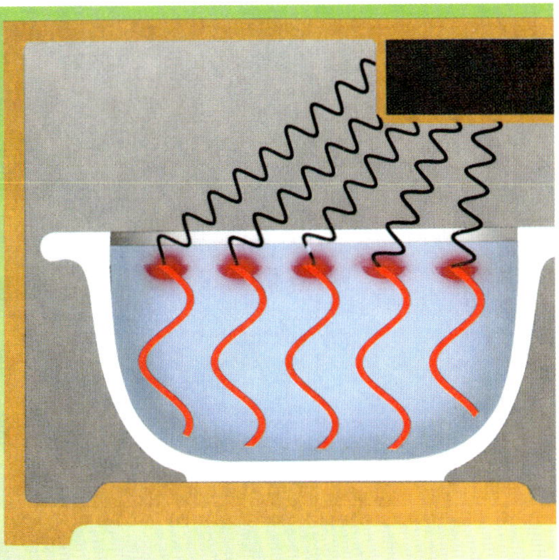

Mikrowellen dringen nicht sehr tief in das Wasser ein. Nur die äußeren Schichten des Wassers werden erhitzt – der Rest erwärmt sich durch Wärmeleitung.

beim Kochen. Absorption heißt ja, daß die Wellen von den Wasserteilchen verschluckt werden. Durch die aufgenommene Energie „zappeln" die Wasserteilchen heftiger hin und her und diese schnellere Bewegung der Wassermoleküle registrieren wir als Erwärmung. Die Mikrowellen dringen nur wenige Zentimeter tief in das Wasser ein. Die dünne Oberflächenschicht wird deshalb rasend schnell erhitzt – der untere Bereich kann sich nur auf konventionelle Art, wie bei der Kochplatte – durch Wärmeleitung – erwärmen. Aus der Tabelle sehen Sie, daß die Menge dafür ausschlaggebend ist, ob die Kochplatte oder die Mikrowelle weniger Energie braucht, um das Wasser zum Kochen zu bringen. Bei kleineren Mengen Wasser ist sicher die Mikrowelle im Vorteil. Die Tabelle der Vorderseite zeigt Ergebnisse einiger Experimente. Viele vergessen ja bei der Kalkulation der verbrauchten Energie, daß bei der Umwandlung von elektrischem Strom in Mikrowellen über 50 % der Energie durch Wärmeverluste verlorengehen. Diese Umwandlung erfolgt über eine „Radioröhre" – dem Magnetron – im Mikrowellenofen. Die kürzere Kochzeit gegenüber der Herdplatte täuscht deshalb über den großen Energieverbrauch hinweg. Die Hersteller geben die Daten gerne so an, daß sie die Energie der Mikrowellen herausstellen und nicht die des verbrauchten elektrischen Stroms. In der Kochplatte hingegen wird der elektrische Strom fast vollständig zum Erhitzen durch Wärmeleitung benutzt.

Tricks und Tips:

Wasser absorbiert sehr gut die Mikrowellen. Das liegt daran, daß die Wassermoleküle elektrisch geladene Dipole sind, die auf das elektromagnetische Wechselfeld der Mikrowellen reagieren. Das merkt man besonders, wenn man ein rohes Ei im Mikrowellenherd erhitzt. Die Wellen durchdringen die Kalkschale – das Wasser im Ei wird schnell erhitzt und verdampft. Der Dampf reißt das Ei regelrecht ausein-

	Menge	Zeit (Min.)		Energie (Wh)	
Kartoffeln		Mikro	Kochplatte	Mikro	Kochplatte
	200 g	7,5	20,8	114	143
	400 g	13	21,5	215	165
Wasser	250 g	4,5	4,5	92	112
	500 g	8	6	164	151
	1000 g	15	9	310	221

Aus: Hauswirtsch. Wissen 28/1980/2

ander – es explodiert. Erwärmen Sie einen „Negerkuß" bei niedriger Leistung im Mikrowellenofen, so „pumpt" er. Das liegt daran, daß die niedrige Leistung durch An- und Abstellen der Mikrowellen erreicht wird. Die Luft in den Poren des „Negerkusses" dehnt sich also aus oder zieht sich zusammen.

Verschiedene Materialien absorbieren die Mikrowellen unterschiedlich stark, andere reflektieren sie. Metall im Mikrowellenofen läßt die Klebstoffe zerschmelzen, die das Gerät zusammenhalten. Die Mikrowellen werden vom Metall hin und her reflektiert und nur die Bindematerialien der Ofenkonstruktion absorbieren sie. Keramik ist für Mikrowellen durchlässig – das ist nicht besonders gut für die Bräunung von Fleisch. Erst spezielle Beschichtungen machen die Unterlage dann zum Bräunungsinstrument. Die Beschichtung absorbiert die Mikrowellen – erhitzt die darunterliegende Keramik – und die Bräunung funktioniert ganz konventionell über Wärmeleitung. Das ist energetisch sehr aufwendig, weil ja die Erzeugung der Mikrowellen schon mit 50 %igem Energieverlust stattfindet.

Wasser ist immer noch das ideale Absorptionsmaterial, und weil viele Lebensmittel Wasser enthalten, funktioniert das Erhitzen mit Mikrowellen recht gut. Will man Speisen nur aufwärmen, so besitzt das Mikrowellengerät einige Vorteile gegenüber der Kochplatte. Oft ist die Wasserverteilung im Lebensmittel jedoch nicht optimal, z. B. bei tiefgefrorenem Spinat. Beim Einfrieren haben sich „Wasserinseln" gebildet. Die Erwärmung im Mikrowellenofen ist in diesen Bereichen sehr stark – in anderen wasserärmeren Bereichen funktioniert das nicht so gut. Der Spinat erwärmt sich deshalb ungleichmäßig. An wasserreichen Stellen zerkocht er – an anderen ist er noch nicht gar. Man muß also genau überlegen, wann man den Mikrowellenofen einsetzt. Abschirmen kann man die Mikrowellen wie Radiowellen – mit einem Metallgitter z. B.. Das ist auch an der Ofentür aus Glas deutlich zu sehen.

47

Sichtbares unsichtbar machen

Das Kunststück:

Spielkarten kann man auf höchst elegante Weise verschwinden lassen. Meistens ist ja die Schnelligkeit des Magiers das ganze Geheimnis – aber es gibt auch Kunststücke mit Pfiff. Diese Spielkarte befindet sich in einem Schieberahmen. Taucht man die Karte ins Wasser, so wird sie unter Wasser plötzlich unsichtbar. Beim Herausziehen wird sie in der Luft wieder sicht-

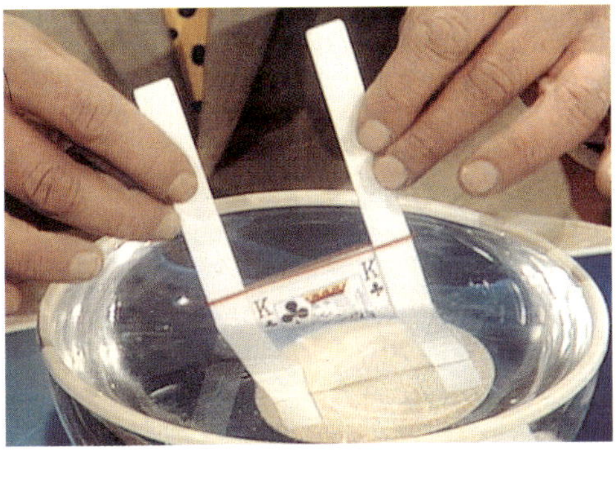

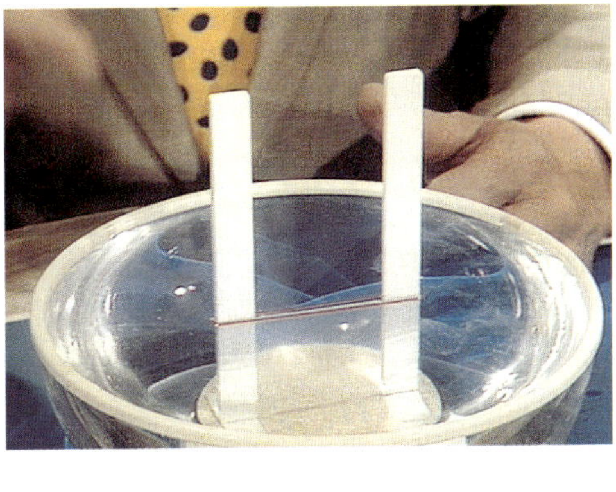

bar. Sie können dieses Kunststück ohne große Vorbereitung zwar nicht perfekt, aber dennoch eindrucksvoll – in einem Glas mit Wasser vorführen. Dazu nehmen Sie eine Zahnbürste, die ja heute fast immer in einem Kästchen aus Zellophan verkauft wird. Tauchen Sie dieses Kästchen in das Wasser und betrachten den eingetauchten Teil unter einem bestimmten Winkel, so ist er verschwunden. Zauberei?

Das knoff-hoff:

Das Kunststück hat etwas mit Spiegelung zu tun. Anstelle der Zahnbürste oder der Spielkarte in der Folie sehen wir ein Spiegelbild der davorliegenden Wasserfläche. Der Vordergrund muß so geschickt ausgewählt werden, daß er wie der Hintergrund aussieht. Warum spiegelt sich die Umgebung so perfekt – gerade unter Wasser?

Das Experiment mit der Lampe unter Wasser zeigt, daß die Lichtstrahlen an der Grenzfläche zwischen Wasser und Luft besonders gut gespiegelt werden. Vor allem gelingt das unter einem bestimmten Winkel perfekt. Diese Erscheinung nennt man dann Totalreflexion. In unserem Kästchen mit der Spielkarte oder Zahnbürste befindet sich ja auch Luft. Die besten Bedingungen also für eine ideale Spiegelung an der Grenzfläche zwischen den beiden Medien Luft und Wasser.

Tricks und Tips:

Diese Totalreflexion an der Grenzfläche zwischen einem optisch dichten Medium (z. B. Wasser) und einem optisch dünneren (z. B. Luft) ist häufig zu beobachten. Wenn im Sommer die Straße an einigen Stellen wie ein Spiegel erscheint, so ist es auf die Totalre-

Die Zahnbürste in der Zellophanpackung . . .

. . . „verschwindet" unter Wasser.

Zwei verschieden „optisch dichte" Materialien bilden das Ausgangsmaterial für die dünnen Glasfasern.

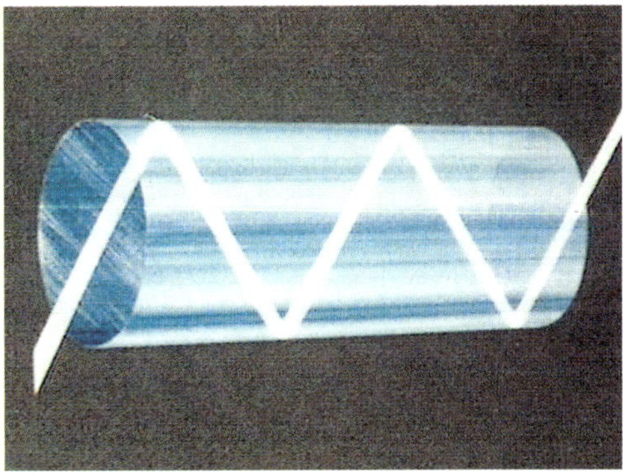

Nach dem Ausziehen wird das Licht an der „optisch dünneren" Glasschicht reflektiert.

flexion zurückzuführen. Durch die Sonnenstrahlung erwärmt sich eine Luftschicht dicht über der Straßen-

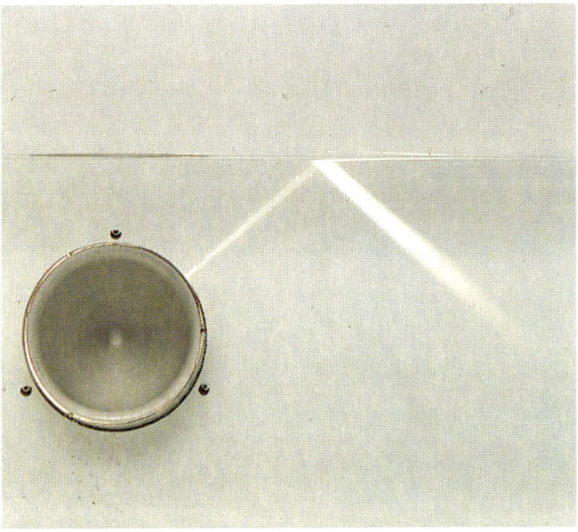

Ein Lichtstrahl wird unter einem bestimmten Winkel an der Grenzfläche Wasser/Luft reflektiert.

oberfläche und ist damit optisch dünner als die darüberliegende kältere Luft. An der Grenzschicht wird das Licht reflektiert und es kommt zu der geschilderten optischen Illusion. Befindet sich in der Luft noch eine weitere Schichtung, z. B. warme Luft über der kühleren, so erfolgt eine zweite Spiegelung – eine Fata Morgana kann so entstehen.

Auch die Glasfaserlichtleiter in der Technik arbeiten mit der Totalreflexion. Glas verschiedener optischer Dichte wird als Stab zusammengebracht. Diesen Stab schmilzt man und zieht ihn bis auf Haaresdurchmesser auseinander. Erstaunlich ist, daß beim „Ausziehen" des Glasstabes das Größenverhältnis zwischen den beiden Glassorten erhalten bleibt. Ein Lichtstrahl, in die dünne Glasfaser eingekoppelt, wird an der optisch dünneren äußeren Schicht hin und her reflektiert. Nachrichtenübertragung mit Hilfe von Laserlicht durch dünne Glasfaserkugeln ist damit möglich. Der Vorteil: Eine Faser besitzt die Kapazität von mehreren Tausend Telefonleitungen.

Dünne Glasfasern leiten das Licht.

48

Fotos aus der Luft

Das Kunststück:

Bilder aus der Luft zu machen, war schon der Traum, als die Fotografie erfunden wurde. Am Anfang unseres Jahrhunderts sah die Lösung so aus: Einer Taube wurde ein kleiner Fotoapparat mit Selbstauslöser umgeschnallt. Ansichten aus der Vogelperspektive waren so möglich. Die Ergebnisse waren rein zufällig – wie dieses Foto von 1923 zeigt. Taubenzüchter hängen auch heute noch ihrer Taube eine Minikamera um. Sie betätigen allerdings den Auslöser über Funk im – hoffentlich – richtigen Augenblick.
Eine Rakete für Amateurfotografen – die, im Garten gestartet, ein Luftbild von der engsten Umgebung liefern soll – können Sie seit einiger Zeit kau-

Das Auto mit der Videokamera.

Ein Modellhubschrauber mit Kamera.

fen. In der Spitze dieser Minirakete befindet sich eine einfache Kamera aus Plastik und ein Fallschirm. Am höchsten Punkt, den die Rakete erreicht, wird der Fotoapparat herauskatapultiert und macht dann, mit nach unten gerichteter Kamera, eine Aufnahme. Wir haben das einmal getestet – allzugut hat es nicht funktioniert. Wie erhält man aber bewegte Bilder aus der Luft?

Das knoff-hoff:

Heute gibt es Videokameras, die über einen Sender die Bilder zum Empfänger übertragen. Solch eine Videokamera auf ein ferngesteuertes Auto gebaut ergibt recht interessante Perspektiven.

Ein Erfinder hat mit einem Modellhubschrauber experimentiert. Die Videokamera und der Sender sind auf dem Hubschrauber angebracht – Live-Aufnahmen aus der Luft sind so möglich.

Der Vorteil: Auf dem Monitor ist das aktuelle Bild zu sehen und der Hubschrauber kann vom Boden aus so gesteuert werden, daß er die gewünschten Bilder liefert. In Japan benutzt man ferngesteuerte Hubschrauber in Verbindung mit einer elektronischen Kamera, um die Krater von aktiven Vulkanen zu überwachen. Ein bemannter Hubschrauber kann unter diesen Bedingungen nicht eingesetzt werden.

Ein Roboter – mit einer Kamera versehen – kann Rohrleitungen inspizieren.

Tricks und Tips:

Bilder zu übertragen wünschen sich ja viele – z. B. beim Telefonieren. Viele Jahre war das nicht ohne weiteres möglich, denn bei einer Bildübertragung müssen ja sehr viel mehr Informationseinheiten pro Zeit übertragen werden als bei Weiterleitung des Tons. Behauptet wurde immer, daß die Kapazität der herkömmlichen Telefonkabel zur Bildübertragung nicht ausreiche. Nur Kabel mit größeren Übertragungsmöglichkeiten könnten das leisten, z. B. Glasfaserkabel. Die Nachrichten werden hier mit Licht übertragen. Licht ist ja – wie die Radiowelle – auch eine elektromagnetische Welle. Je höher die Frequenz dieser Wellen, um so mehr Übertragungskanäle stehen zur Verfügung. Licht besitzt weitaus höhere Frequenzen als die Radiowellen, so daß mit dem Licht als Trägerwelle die Informationsflut von Ton- und Bildsignalen leicht bewältigt werden kann. Seit einiger Zeit haben sich jedoch auch Möglichkeiten ergeben, über herkömmliche Telefonleitungen Bild und Ton zu übertragen. Voraussetzung dazu ist ein digitalisiertes Netz. Die Informationen werden dabei in „Ja-Nein"-Aussagen umgewandelt. Ein Mikroprozessor hilft, zur Übertragung anstehende Informationseinheiten zu reduzieren. Z. B. werden nur die Veränderungen in einem bewegten Bild übertragen. Bildflächen, die sich zwischenzeitlich nicht verändert haben, müssen nicht übertragen werden, weil sie ja schon auf der Empfängerseite gespeichert sind. Außerdem sind die übertragenen Informationseinheiten so intelligent ineinander verschachtelt, daß **eine** Telefonleitung ausreicht, um zumindest ein Standbild mit dem Ton zu übertragen. Alle sechs Sekunden kann dieses Standbild aktualisiert werden. Durch weitere Verbesserungen ist geplant, in einigen Jahren auch bewegte Farbbilder von Haus zu Haus zu übertragen. Allerdings kann es dann passieren, daß der Gesprächspartner gerade im falschen Augenblick erwischt wird – wie die Bilder zeigen.

Neue Möglichkeiten entwickeln sich mit dem Bildtelefon. Ruft der zukünftige Gast z. B. im Urlaubsort an, kann er sich durch das Bild über die Bedingungen vor Ort sofort überzeugen. Vielleicht dämpft dies die Reiselust, wenn man sieht, daß in Italien – wie im vorigen Jahr – die Strände überfüllt sind.

49

Ohne Farbe Farbe sehen

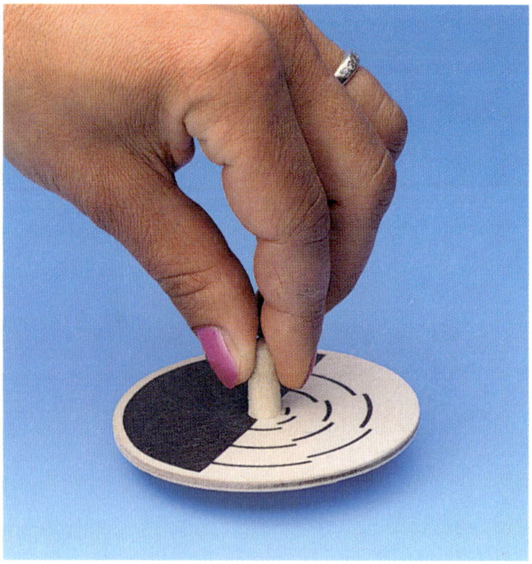

Das Kunststück:

Wenn sich etwas schwarz auf weiß darbietet, kann man keine Farbe sehen. Deshalb klingt die Behauptung verwunderlich, daß mit Hilfe der abgebildeten Schwarzweißscheibe Farben gesehen werden können. Welche Farben es sein sollen, zeigt das nebenstehende Bild. Selbstverständlich muß man mit der Scheibe noch etwas tun, bis die Farbillusion hervorgerufen wird. Sie müssen die Scheibe drehen. Das kann man machen, indem man die Scheibe ausschneidet und auf der Achse eines Elektromotors anbringt, oder sie auf einen Holzkreisel klebt. Das Ausschneiden können Sie vermeiden, wenn Sie das Blatt kopieren und dann das Kopierte als Versuchsmuster nehmen. Wenn Sie richtig kreiseln, dann sehen Sie rote, grüne oder blaue Farben. Erstaunlich?

Das knoff-hoff:

Eine Ahnung, daß man durch Helldunkel-Wechsel Farben sehen kann, erhalten Sie, wenn Sie in einen sich drehenden Ventilator schauen – auch dort ist nach einiger Zeit Farbiges zu erkennen, eine andere Farbe als sie die Ventilatorblätter besitzen. Wir können ja Farben mit drei verschiedenen Zäpfchen, die sich in der Netzhaut befinden, erkennen. Sie reagieren auf drei Grundfarben – Rot, Grün und Blau. Durch die Überlagerung dieser Farben entsteht mit Hilfe des Gehirns die Wahrnehmung aller Farben (K 1). Auf dieses Prinzip ist ja auch das Farbensehen mit Hilfe der Technik aufgebaut. Ein Farbfernseher z. B. hat diese drei Farben punktweise verteilt auf dem Bildschirm angeordnet. Ein Elektronenstrahl regt diese Farben – je nach Zusammensetzung des Bildes – an und wir sehen farbig fern. In Experimenten konnte man nachweisen, daß sich tatsächlich in der Netzhaut des Menschen drei Substanzen befinden, die auf ganz bestimmte Wellenlängen des Lichtes – auf bestimmte Farben also – reagieren. Bei Farbenblinden fehlen einige dieser Substanzen.

Die Scheiben mit dem Schwarzweißmuster erzeugen beim Drehen in den Augen schnelle Helligkeitsänderungen. Der Lichtreiz für die Zäpfchen wird in bestimmten Abständen unterbrochen. Mehrere Zäpfchen müssen sich ja eine Nervenleitung teilen. Dabei kann es wie bei dem Kunststück im ersten Kapitel zu Wechselwirkung einzelner Impulse kommen. Dieser Effekt scheint dann die Empfindung bei uns auszulösen, Farben zu „sehen" – selbst wenn es in Wirklichkeit nur eine Veränderung der Hell-Dunkelverteilung ist. Experimente bestätigen, daß die aus der Netzhaut herausführenden Nervenzellen der Entstehungsort für die „Flickerfarben" sind. Der Engländer Charles Benham hat Ende des 19. Jahrhunderts mit solchen Scheiben experimentiert und dieses Phänomen genauer studiert.

Tricks und Tips:

Gute Beleuchtung und die Drehzahl sind bei diesem Farbensehen wichtig. Fünf Umdrehungen pro Sekunde scheinen bei dieser Scheibengröße optimal zu sein. Kehren Sie die Drehrichtung des Kreisels um, so sehen Sie die inneren „Farben" auf den äußeren Ringen. Auch „Fernsehen" wurde mit den Flickerfarben versucht, dazu hat man das Schwarzweißbild in verschiedene flackernde Bereiche aufgeteilt, um den Farbeffekt hervorzurufen. In der Schwarzweißzeit des Fernsehens wurden damit in den USA Werbespots teilweise farbig gestaltet.

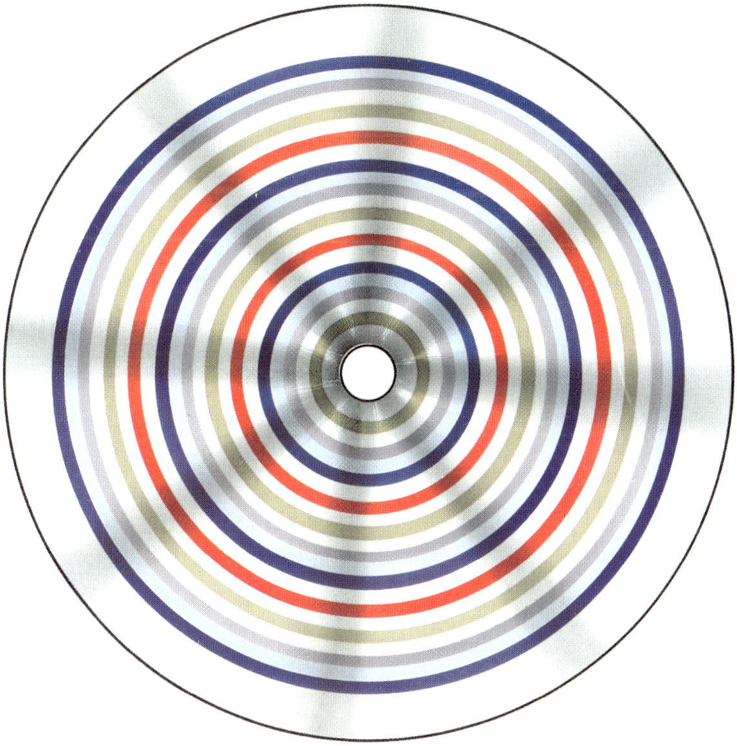

50

Geisterbilder

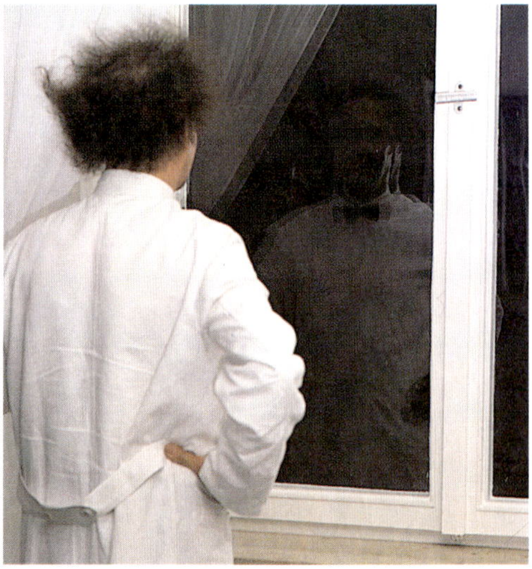

Das Kunststück:

Wenn Sie abends aus dem Fenster in die dunkle Nacht schauen, so können Sie die Fensterscheibe leicht als Spiegel benutzen. Am Tage funktioniert das jedoch nicht. Was verändert der Tag gegenüber der Nacht?

Das knoff-hoff:

Selbstverständlich bleiben die Spiegeleigenschaften der Fensterscheibe bei Tag und Nacht gleich. Der größte Teil des Lichtes von innen – z. B. vom hellen Gesicht – geht durch die Glasscheibe hindurch – ein kleiner Teil wird reflektiert. Am Tage dringt auch von außen Licht durch die Scheibe in das Zimmer und überdeckt den kleinen reflektierten Anteil des eigenen Spiegelbildes. In der Nacht fehlt diese von außen kommende Lichtflut, so daß das eigene Spiegelbild besser zu sehen ist. Aus diesem Grund ist z. B. die Ablagefläche über dem Armaturenbrett vor der Windschutzscheibe des Autos schwarz oder dunkel. Wäre sie hell, so würde sie sich zu stark in der Scheibe spiegeln. Wenn Sie ein weißes Blatt Papier darauf legen, können Sie diesen Effekt beobachten.

Eine Glasscheibe reflektiert immer einen bestimmten Anteil Licht. Am Tage wird dieser Teil vom hereinkommenden Licht „überstrahlt".

In der Nacht fehlt der Lichtanteil von außen – das Spiegelbild ist gut zu erkennen.

Tricks und Tips:

Den Spiegeleffekt kann man durch Beschichtung des Glases verstärken. In Supermärkten werden solche „halbdurchlässigen" Spiegel eingesetzt. Der Detektiv sitzt hinter der Scheibe im Halbdunklen und beobachtet die Kunden im hell erleuchteten Geschäft. Er selbst ist nicht zu erkennen; denn schaut ein Kunde in den „Spiegel", so sieht er sich nur selbst – es sei denn, der Detektiv würde seinen Raum plötzlich beleuchten. Diesen Effekt kann man zu einem Kunststück ausnutzen. Zwei Personen sitzen sich – durch einen halbdurchlässigen Spiegel getrennt – gegenüber. Beleuchtet man nur eine Person und läßt den Raum hinter der Scheibe dunkel, so ist sie im Spiegelbild zu sehen. Regelt man das Licht über der Person hinter der Scheibe langsam hoch und das Licht vor der Scheibe dementsprechend herunter, so ist sie in der Durchsicht zu erkennen. Bei gleicher Lichtstärke überlagern sich beide Bilder. Solche Spielereien mit wechselnden Beleuchtungen sind oft in Museen zu entdecken. Z. B. ist es durch entsprechende Regelung möglich, das Spiegelbild eines Huhns mit dem dahinterstehenden Skelett zu kombinieren. Die beiden Objekte müssen nur deckungsgleich aufgestellt werden. Auch in der Filmtechnik kann man diese Spiegel für spezielle Effekte benutzen.

Zwei Personen vor einem halbdurchlässigen Spiegel.

51

Allzu Dünnes schillert

Das Kunststück:

Seifenblasen sind bunt – das wissen alle. Wenn Sie eine Seifenblase näher betrachten, so sehen Sie, daß die Farben wechseln können. Was macht nun die Seifenblasen bunt – wenn doch die Lösung farblos durchsichtig ist und das Sonnenlicht weiß erscheint?

Das knoff-hoff:

Weißes Licht ist ja aus verschiedenen Farben zusammengesetzt. Sie werden durch elektromagnetische Wellen verschiedener Wellenlänge im Auge-Gehirn-System erzeugt. Den Farbeindruck Rot ruft eine Welle mit größerer Wellenlänge hervor als die Welle, die uns Blau sehen läßt. Die Seifenblasenhaut besteht aus einem dünnen Film. Trifft weißes Licht auf die Haut, so wird ein Teil des Lichtes auf der äußeren Seite der Haut reflektiert – ein anderer Teil auf der Innenseite. Beim Reflektieren überlagern sich die beiden Lichtwellen – und da geschehen die merkwürdigsten Sachen. Setzen wir zunächst eine konstante Hautdicke der Seifenblase voraus, so ist es möglich, daß die Wellenlänge Rot an der Innenseite der Haut so reflektiert wird, daß sich ein Wellenberg des zurückgeworfenen Anteils mit dem Wellental der an der äußeren Seite reflektierten Welle überlagert. Beide heben sich auf – sie werden ausgelöscht – Rot existiert im reflektierten Teil nicht mehr. Übrig bleiben die kürzeren Wellenlängen des weißen Lichtes, die uns ja blaugrün erscheinen. Die Seifenblase ist in diesem Bereich blaugrün. Wird die Seifenhaut dünner, so kann diese Bedingung plötzlich für die Wellenlänge Blau auftreten. Dann löschen sich diese Anteile aus und die Seifenblase ist rot. Dieses Spiel kann man auch mit allen anderen Farben durchspielen. Selbstverständlich bleibt die Hautdikke nicht konstant, so daß sich die geschilderten Bedingungen ständig ändern – die Seifenblase „schillert“ in allen Farben.

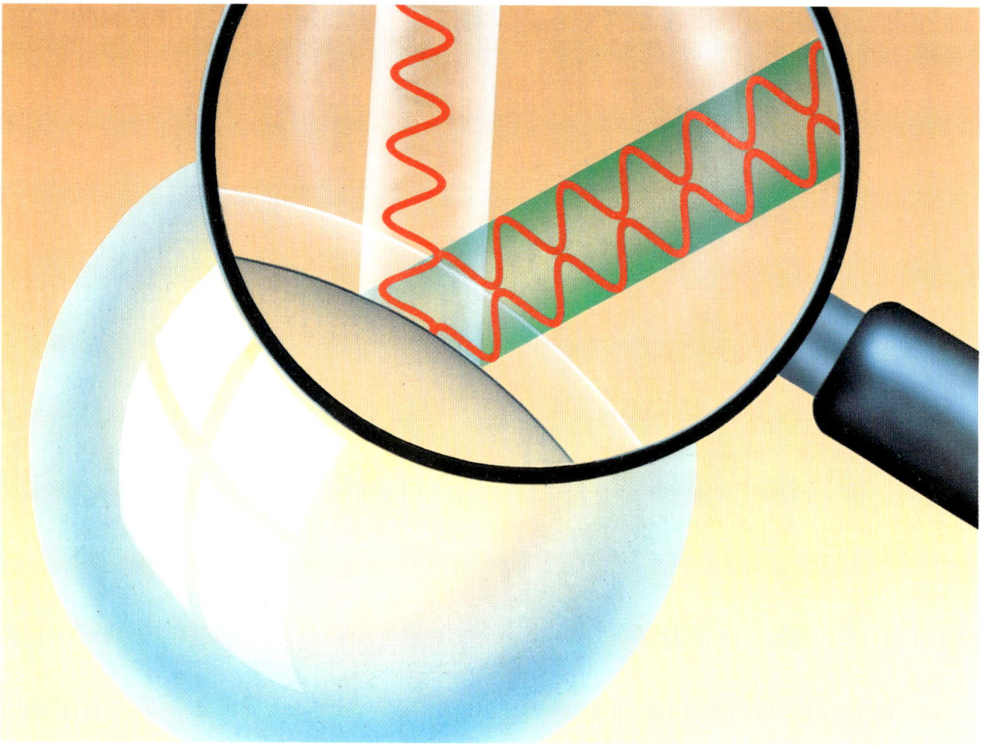

Die „rote Welle" wird an der Innen- und Außenhaut so reflektiert, daß ein Wellental und ein Wellenberg zusammentreffen. Die Wellen löschen sich aus. Die Seifenblase erscheint beim Fehlen von Rot blaugrün.

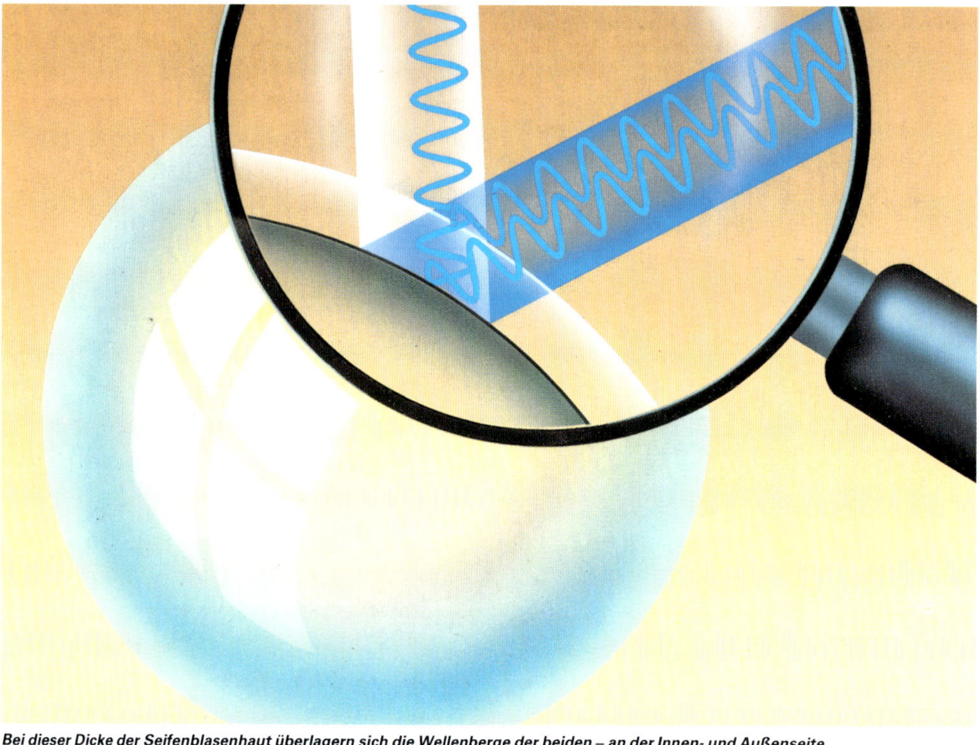

Bei dieser Dicke der Seifenblasenhaut überlagern sich die Wellenberge der beiden – an der Innen- und Außenseite reflektierten – Wellen. Die Farbe Blau verstärkt sich.

Tricks und Tips:

Ein Ölfleck, der auf Wasser schwimmt, schillert bunt. Auch hier entstehen die Farben so wie auf der dünnen Seifenhaut. Wenn eine blanke Kupferplatte erhitzt wird, erscheint sie plötzlich farbig. Im Feuer oxidiert das Kupfer und bildet eine dünne Schicht, deren Dicke in den Dimensionen der Wellenlänge des Lichtes liegt. Deshalb können sich die Farben des weißen Lichtes gegenseitig verstärken oder auslöschen – je nach der Dicke der Oxidschicht.
Seit einigen Jahren gibt es Folien, die auf Temperaturunterschiede mit Farbveränderungen reagieren. Dabei handelt es sich um sogenannte „flüssige Kristalle", die in der Folie eingekapselt sind. Diese Substanz zeigt eine gewisse Ordnung in ihrer Struktur – obwohl sie flüssig ist. Sie besitzt wohldefinierte Ebenen, an denen – wie bei der Seifenblasenhaut – die Lichtwellen reflektiert werden und sich durch Überlagerung Wellen – das heißt Farben – verstärken oder auslöschen. Durch Temperaturverschiebungen verändert sich der Abstand dieser Ebenen – deshalb wird jeweils eine andere Farbe verstärkt oder ausgelöscht. Diese Veränderung kann zur Temperaturmessung benutzt werden.

Ein schillernder Ölfleck.

Oxidationsschichten beim erhitzten Kupfer.

Viele Käfer schillern durch die Reflexion an den „dünnen Schichten".

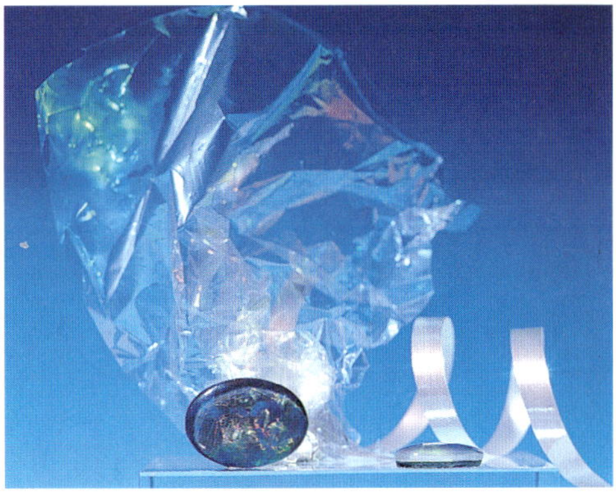

Geschenkpapier ist beschichtet, damit es wie eine bunte Seifenblase schillert. Auch ein Opal erzeugt seine Farben in der obersten dünnen Schicht. Deshalb verkauft man ihn auch scheibchenweise als „Triplett".

52

Gestreutes wird farbig

In der Durchsicht erscheint der Lichtkegel rötlich – von der Seite gesehen bläulich.

Das Kunststück:

Wasser in einem Glas wird mit etwas Milch eingetrübt. Mit einer Taschenlampe läßt sich dann ein Kunststück vorführen, das sonst nur der Sonne mit der Erde gelingt. Hält man die Lampe hinter das Glas und schaut durch die milchige Flüssigkeit direkt hinein, so erscheint das vorher weiße Licht rötlich. Ein abgedunkelter Raum ist für diese Beobachtung hilfreich. Betrachtet man den Lichtkegel von der Seite oder läßt die Taschenlampe von oben in das Glas scheinen, so sieht man gegen einen schwarzen Hintergrund eine blau schimmernde Flüssigkeit. Große Unterschiede – obwohl sich nur die Position der Taschenlampe verändert hat.

Das knoff-hoff:

Weißes Licht besteht ja aus verschiedenen Farben. Rot, Grün und Blau sind für unser Auge die wichtigsten. Diese Farbeindrücke werden von elektromagnetischen Wellen mit unterschiedlicher Wellenlänge hervorgerufen. Die langwelligeren im sichtbaren Spektrum rufen den Farbeindruck Rot hervor, die kurzwelligeren lassen uns Blau sehen. Treffen die Wellen auf kleine Teilchen, so können sie an ihnen gestreut werden. Besonders gut funktioniert das, wenn die Durchmesser der Teilchen vergleichbar groß mit der Wellenlänge des Lichtes sind. Langwelliges Licht – wie das Rot – läßt sich von kleinen Teilchen kaum beeinflussen – es durchdringt die Milchlösung.

Die kurzen Wellenlängen – die ja das Blau in unserem Auge-Gehirn-System hervorrufen, werden jedoch an den

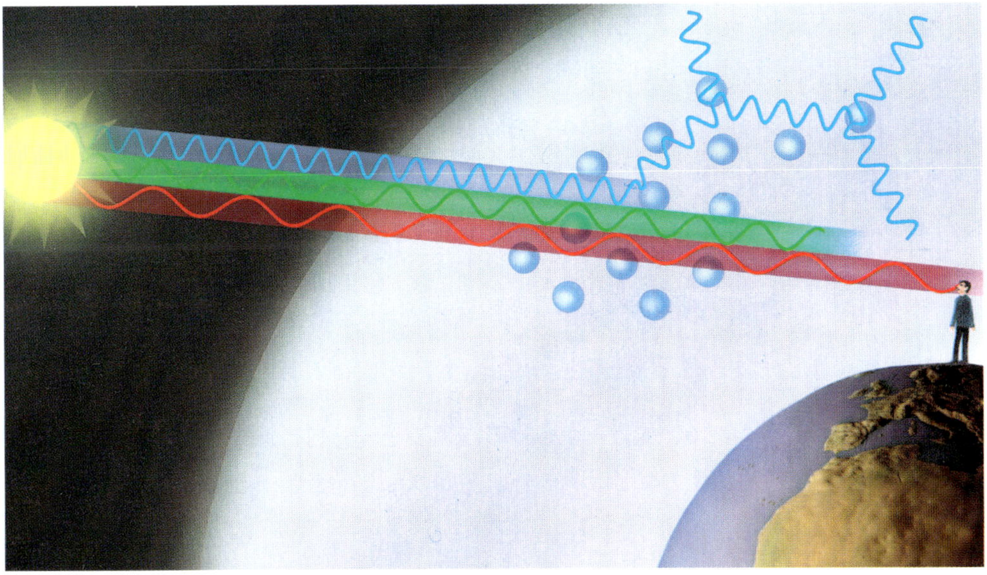

Das langwellige rote Licht durchdringt relativ leicht die Atmosphäre . . .

Milchteilchen gestreut. In der Durchsicht also dominiert das Rot, während aus dem weißen Licht das Blau seitlich weggestreut wird. Deshalb erscheint das weiße Licht der Taschenlampe in der Durchsicht rötlich. Kommt jedoch das Licht von oben, registriert das Auge hauptsächlich das seitlich wegge-

. . . deshalb erscheint die Sonne beim Untergehen rot.

Der Blick aus einem Raumschiff zeigt, wie das Sonnenlicht in der Atmosphäre der Erde gestreut wird.

streute blaue Licht. Nebelscheinwerfer benutzen gelbes Licht. Ein Vorteil wegen der hohen langwelligen Anteile. Sie können die feinen Nebeltröpfchen mit weniger Streuung durchdringen.

Tricks und Tips:

Das, was wir mit der Taschenlampe gemacht haben, passiert jeden Tag mit der Sonne und der Erde. Die Erdatmosphäre entspricht dabei unserer Flüs-

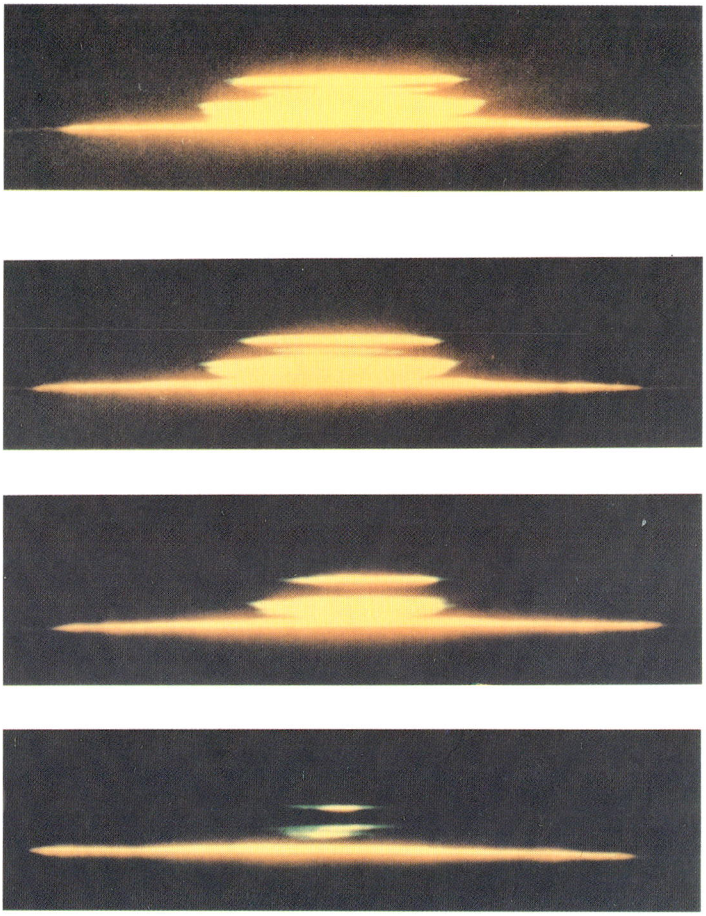

Vier Fotos von einem Sonnenuntergang – vom Raumschiff aus gesehen. Kurz vor dem Untergehen erscheint der „grüne Blitz".

sigkeit im Glas. Eigentlich müßte der Himmel über uns schwarz sein, denn die Luft ist ja durchsichtig und im Weltall ist es – wenn wir nicht gerade in die Sonne schauen – dunkel. Aber das Licht der am Tage hochstehenden Sonne wird an den kleinen Teilchen in der Luft gestreut. Wiederum entspricht die Teilchengröße der Wellenlänge des blauen Lichtes, deshalb wird das blaue Licht 16mal besser als das rote Licht gestreut. Der Himmel erscheint uns blau. Blicken wir direkt in die Sonne, erscheint sie weiß, weil sie eine sehr starke Lichtquelle ist und bei senkrechtem Stand nur eine sehr dünne Atmosphärenschicht zu durchdringen hat. Geht die Sonne am Abend unter, so müssen ihre Lichtstrahlen sehr viel mehr Teilchen – es kommen jetzt auch noch Staubteilchen dazu – durchdringen. Fast alle kurzwelligen Anteile werden weggestreut, nur das langwellige – also rote – Licht kommt beim Beobachter an. Deshalb ist die Sonne beim Untergehen rot. Befinden sich sehr viele Staubteilchen in der Atmosphäre – z. B. durch Abgase aus Schornsteinen in Ballungsräumen oder durch Vulkanausbrüche – ist ein Sonnenuntergang besonders glutrot. Und unter solchen staubigen Bedingungen ist dann auch der aufgehende Mond rot und wird erst weiß, wenn er höher über dem Horizont steht.

Aber auch die grünen Farbanteile werden gestreut. Am Meer ist das sehr gut zu beobachten. Ist der Himmel bis zum Horizont wolkenfrei – das ist allerdings nicht allzuoft der Fall – so ist mit dem Untergehen ein grüner Blitz zu sehen. Vom amerikanischen Space-Shuttle wurde fotografiert, was auf der Erde so selten zu beobachten ist.

Ein neues Material – ein Aerogel – besteht fast nur aus Luft und kleinen Teilchen, die miteinander verbunden sind. Der beschriebene Effekt ist hier sehr gut zu beobachten. Von der Seite betrachtet sieht es blau aus – auf der Unterlage wird das weiße Licht reflektiert – das rötlich-gelbe Licht dringt durch das Aerogel – der Blauanteil wird bevorzugt weggestreut.

53

Die verbogene Kerze

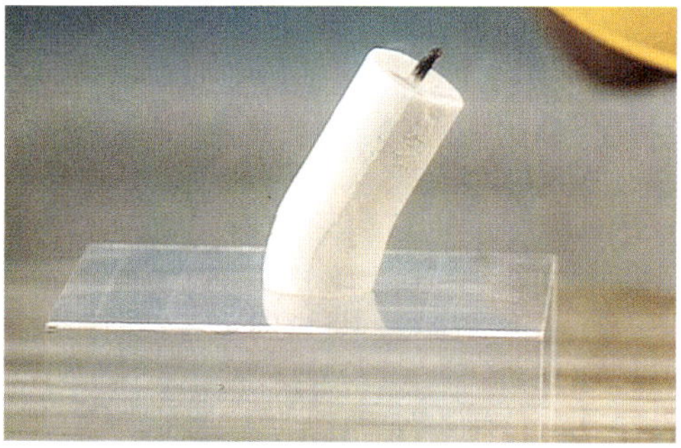

Das Kunststück:

Lubor Fiedler war einer unserer Studiogäste, der Erstaunliches zu bieten hatte. Eine Kerze blies er mit einer Kindertrompete an – und die Kerze begann sich zu verbiegen und langsam auseinanderzufließen. Verbeugte sie sich vor der Trompetenkunst und „zerfloß“ vor Rührung?

Das knoff-hoff:

Die Kerze besteht aus einem Pulver, das aus Kieselsäure hergestellt wurde. Mit Wasser angerührt, kann man eine Kerze daraus formen. Im oberen Bereich wird etwas Wachs und ein kurzer Kerzendocht plaziert, so daß die „Kerze“ brennt. Das Gel auf Kieselsäurebasis bildet ein Gerüst mit vielen Hohlräumen. Wasser kann in diesen Hohlräumen aufgenommen werden, und die Festigkeit der Masse ist nicht allzu groß. Die langen Molekülketten der Kieselsäurebestandteile sind nur sehr schwach über Wasserstoffatome miteinander verbunden. Allein schon die mechanische Beanspruchung durch Schallwellen aus der Kindertrompete läßt das Gerüst zusammenbrechen und auseinanderfließen. Solche Substanzen werden z. B. Lacken zugemischt, die zwar streichfähig sein sollen, nach dem Auftragen jedoch erstarren, damit sich keine Tropfen bilden. Das ist durch diese labile Strukturbildung möglich.

Tricks und Tips:

Auch der „hüpfende Kitt“ zeigt erstaunliche Eigenschaften, die auf die besondere Bindung der Moleküle untereinander zurückzuführen sind. Er läßt sich kneten und hüpft beim Her-

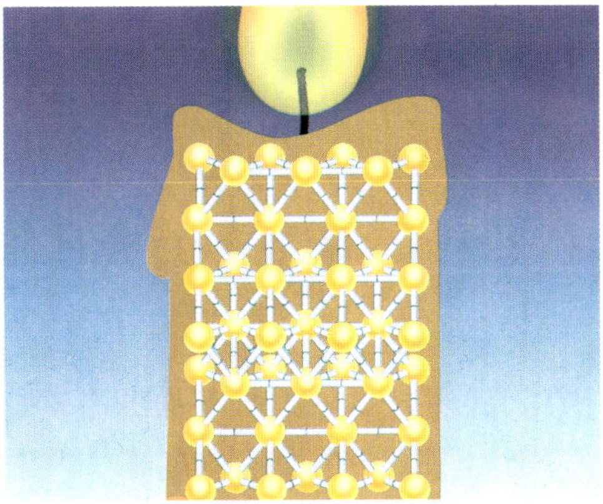

Das Gerüst aus Kieselsäure ist sehr labil . . .

. . . und kann schon bei der kleinsten Erschütterung auseinanderfließen.

unterfallen wie ein Ball. Läßt man ihn länger liegen, so läuft der Ball wie ein reifer Käse auseinander. Die langen Silikonkettenmoleküle, aus dem der Kitt besteht, sind nur schwach untereinander verbunden. Sie sind leicht verschiebbar – damit wird das Auseinanderlaufen verständlich. Prallen sie beim Herunterfallen jedoch kurzzeitig auf, haben die Moleküle überhaupt keine Zeit, dem plötzlichen Impuls auszuweichen – sie reagieren elastisch, d. h. der Ball aus dem hüpfenden Kitt springt nach oben.

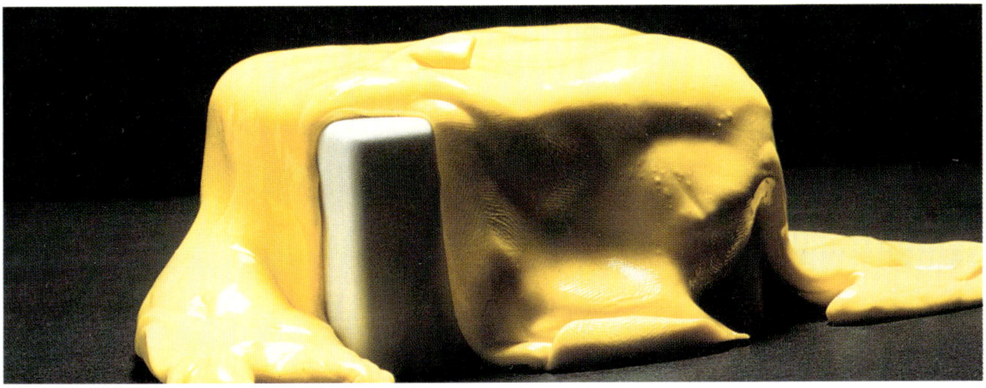

Der „hüpfende Kitt" springt wie ein Gummiball, zerfließt aber, wenn man ihn einige Minuten liegen läßt.

54

Die knoff-hoff-Palette

Die erstaunlichen Kunststücke in der knoff-hoff Show sind nicht allein dazu gemacht, besondere Gags zu präsentieren.

Beispiel: „Die schwebende Jungfrau". Verblüffend ist es, die Figur in der Luft schweben zu lassen. Möglich ist das durch ein Ultraschallfeld, das von einem Sender (unten) abgestrahlt wird. Die darüber liegende Metallscheibe reflektiert Ultraschallwellen, so daß durch den Schalldruck in dem „stehenden" Wellenfeld Proben berührungsfrei schweben können. Wichtig nicht etwa als Gag, sondern für die Untersuchung von Materialien. Z. B. kann man mit dieser Vorrichtung Materialien schweben lassen und rundum beschichten.

Ein japanischer Roboter, der Geige spielen kann.

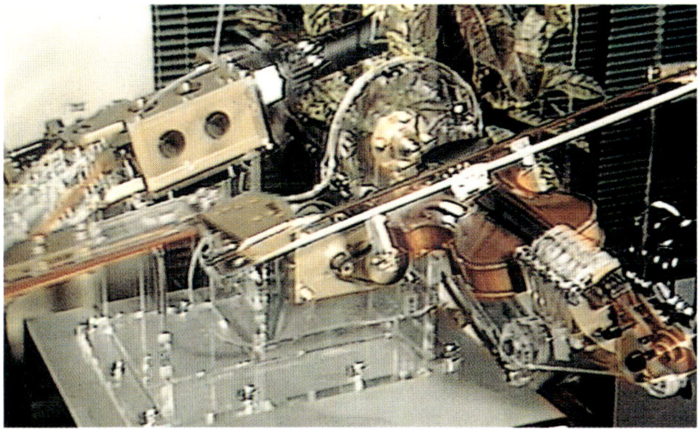

Wie trinkt man besonders schnell einen Maßkrug aus? Schläuche lösen das Problem.

Eine Uhr, die einen Sender eingebaut hat, über den man über ein Mikrofon mit einem Partner sprechen kann.

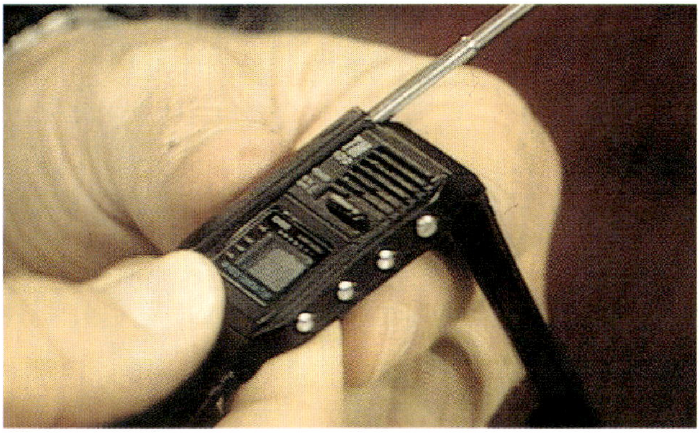

Bei dieser Sparbüchse „schleckt" die Zunge das Geldstück auf.

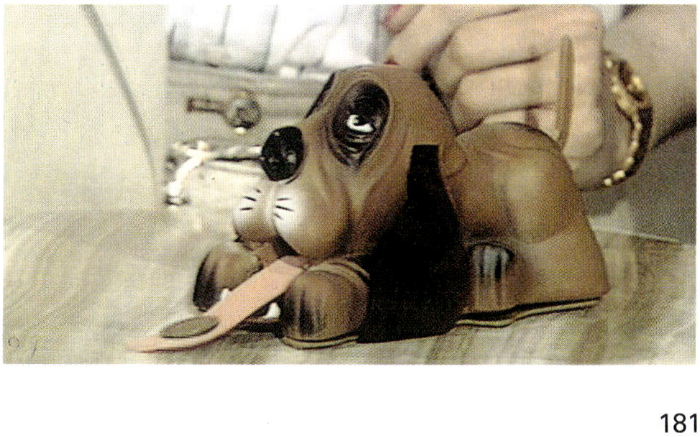

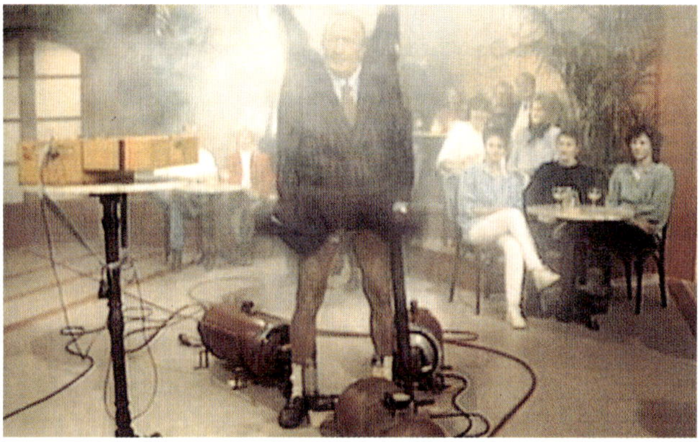

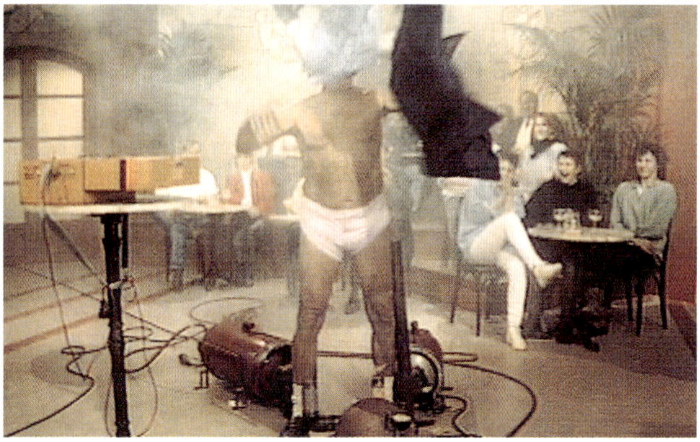

Allein zur Freude und zur Verblüffung sind die Kunststücke gedacht, die „Charly-Bumm-Bumm“ uns gezeigt hat. Er ist der Feuerwerker, wenn es um Explosionen oder Brände im Film geht – der Name sagt es schon.
Zum schnellen Ausziehen plaziert er Rohre unter der Kleidung, durch die Preßluft strömt.

Feuer in der Badewanne erzeugt er mit einer Rohrleitung, die durch Löcher Gas strömen läßt. Die Gasblasen steigen aus dem Wasser und werden entzündet. Die Beine des Darstellers liegen unter den Röhren. Die Ausdehnung der Röhren begrenzt außerdem den Flammenbereich.

Die „Kellnerpistole" ermöglicht es, die Bestellungen am Tisch in eine Elektronik einzutippen und sie über einen Infrarotstrahl zu einem Empfänger zu „schießen". Ein Computer registriert die Bestellung und gibt dem Kellner auch Auskunft darüber, ob die gewünschten Speisen noch vorhanden sind.

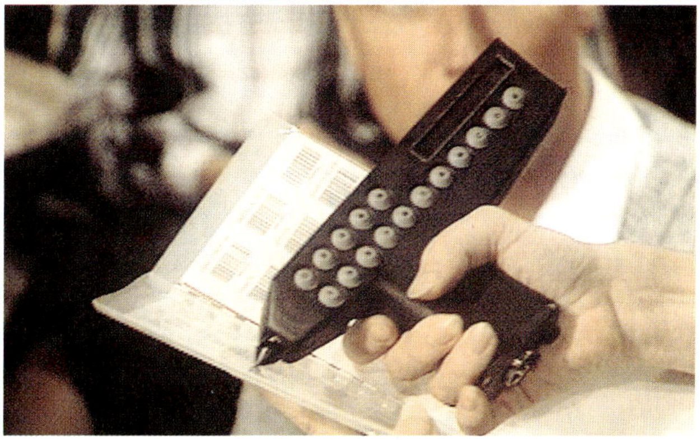

Für die Hilfe und Anregungen, die wir bei experimentellem Aufbau, Demonstration von Erfindungen, Vermittlung von Ideen bekommen haben, möchten wir danken:

Herrn H. Kress, Leybold AG, München; Prof. Dr. L. Fiesser, Phänomenta, Flensburg; Fa. Honda, Japan; Fa. C. H. Philips, Bockenem; Fa. Toyota, Japan; Fa. Audi, Ingolstadt; Herrn Helmut Siemon, Siegen; Herrn Peter Schmalenbach, Neuwied; Herrn Udo Herrmann, Hagen; Fa. Living Images, Düsseldorf; Herrn H. Heldt, München; Bundeskriminalamt, Wiesbaden; Herrn Christian Mayer, Peiting; Vienna International School, Wien; Herrn G. Heymen, Den Haag; Graf Horror-Charly, E. Kereßtes; Fa. AEG, Nürnberg; Fa. Atomika, München; Fa. TPA, Keltenzweig; Fa. Coherent, Rödermark; Fa. Spectra physics, Darmstadt; Fa. Tissa, Lyon; Prof. G. S. Settles, Pennsylvania; Herrn H. R. Herbrich, Kelkheim; Prof. Dr. W. Martienssen, Univ. Frankfurt; K.-H. Dathe, Univ. Frankfurt; Herrn M. Kirschner, Heilbronn; Fa. Höchst AG, Frankfurt; Fa. Linn Elektronik, Hirschbach; Fa. Siemens AG, München; Kernforschungszentrum Karlsruhe; Inst. für Anorganische Chemie, Univ. München; Dr. G. Lutzeier, Fürstenfeldbruck; Herrn Lubor Fiedler, Spittal; Fa. Bulova, Biel/Schweiz; Fa. Peltron, Nürnberg; Fa. Eco-Corp., Ontario/Kanada; Fa. BASF, Ludwigshafen; Fa. Novel, München; Fa. Cochlear, Basel; Inst. für Rundfunktechnik, München; Fa. Tiedemann, Garmisch-Partenkirchen; Fa. Philips AG, Hamburg; Fa. ICI, Frankfurt; Fa. Ott, Stuttgart; Fa. Noggerath, Ahnsen; Inst. für Haushaltstechnik, TU München-Weihenstephan; Fa. Sony, Köln; Fa. Mitsubishi, Ratingen; Fa. Wacker-Chemie, München; Bundesamt für Materialforschung, Berlin; Lemke-Fernsehen für die Wissenschaft, Gröbenzell; Batelle-Inst., Frankfurt; Fa. Panasonic, Hamburg; Max-Planck-Gesellschaft, München; Bundesgesundheitsamt, Berlin; Fa. Bayer, Leverkusen; Deutsches Museum, München, Fa. Schott, Glaswerke, Mainz

und dem knoff-hoff-Redaktionsteam im ZDF, Herrn Uwe Troost, Herrn Franz Buob, Herrn Klaus Dartmann, Margit Bandlow.

Bildnachweis:

S. 23: Uwe Karstens, Hamburg; S. 29: Foto-Atelier Löhr, Köln; S. 35: Jochen Fiedler; S. 36: Metzeler AG; S. 42/140 unten: Dr. Joachim Bublath; S. 57: Südtiroler Beratungsring Obst- und Weinbau, Bozen; S. 58/60: Degussa AG, Frankfurt; S. 63: Deutsche Bundesbahn, Mainz; S. 69 unten: Uranit, Jülich; S. 70 links oben: R. W. Schlegelmilch; S. 76: TISSA, Lyon; S. 78 oben / S. 79 oben und Mitte: Prof. Gary S. Settles, Pennsylvania; S. 78 unten / S. 80 unten rechts / S. 81 und Vorsatzseite: H. R. Herbrich, Kelkheim; S. 8: Werkfoto Kalle; S. 92/93/171/173 rechts: M. Kirschner, Heilbronn; S. 95: Living Images, Düsseldorf; S. 97: Werkfoto Thyssen; S. 100: Werkfoto ABB (AEG, BBC, Siemens); S. 101: Werkfoto IBM, Deutschland; S. 104: Fotostudio Walter Denning, Linkenheim; S. 105: Popular Science, USA; S. 113 oben: Dr. Walter Foersch, München; S. 113 unten: Uwe Karstens, Hamburg; S. 120: Werkfoto BASF, Ludwigshafen; S. 130 oben: Patrick La Banca, München; S. 129: Prof. Dr. Neugebauer, Wien; S. 130 unten: Novel GmbH, München; S. 131: Cochlear, Basel; S. 147 unten: ICI, Frankfurt; S. 152 oben: Sportpressefoto Bongarts, Hamburg; S. 153/176: NASA; S. 162 unten: Carl Neubronner, Kronberg; S. 163 oben links: Sony Deutschland GmbH; S. 173 links: Siegfried Hoc, München; S. 175 unten: Fotoservice Gruner & Jahr, Hamburg; S. 177: Konrad Wothe, Hamburg; S. 180: Batelle Institut, Frankfurt.